任迎偉 著

社會網路關係
強度視角下的創業行為研究

財經錢線

摘　要

　　本書在對現有文獻進行深入挖掘和分析的基礎上，結合文獻和理論分析，並基於社會網絡理論、資源基礎理論及創業管理理論，構建創業者社會網絡對創業績效的影響機制模型。該

模型由創業者社會網絡關係強度、機會識別、資源獲取、團隊協調能力、資源整合和創業績效六類變量和相應的路徑關係組成。同時，還探討了創業者社會網絡關係強度與創業者機會識別的內在機制。在構建理論模型的基礎上，本書以中小企業創業者為研究對象，分兩個階段完成實證研究：第一階段為小樣本測試階段，運用探索性因子分析（EFA），通過信度和效度檢驗來篩選量表題項並形成正式問卷；第二階段為正式調研與數據分析階段，共獲取207份有效問卷，通過驗證性因子分析（CFA）對正式問卷進行信度和效度檢驗，然後利用方差分析、相關分析、層次迴歸模型和結構方程模型對相關假設進行分析驗證。研究主體內容主要包括以下方面：

第一，探討社會網絡關係強度與機會識別的內在機理。為明確創業者初期社會網絡關係強度與創業者機會識別的內在作用機理，採用層次迴歸模型檢驗並證明了社會網絡強度與機會識別之間存在正相關關係，同時創業者的先驗知識和創業警覺性對社會網絡關係強度與機會識別起著正向調節作用。研究表明，創業者應該加強先驗知識的累積和學習，提升對信息篩選和市場的警覺性，才能識別並迅速抓住轉瞬即逝的創業機會。

第二，探討了創業者社會網絡強度與機會識別、團隊協調能力及資源獲取之間的內在關係。實證研究結果得出：創業者社會網絡關係強度與機會識別呈顯著正向關係，說明創業者的社會網絡成員在基於信任和熟悉程度的基礎上，互相坦誠交流，創業者能夠對從交流中獲取的信息進行深入的挖掘，從而發現信息裡面蘊含的創業機會；創業者社會網絡關係強度與資源獲取有顯著的正向影響關係，原因在於中國特殊的人情和人際關係使得創業者的人脈是以自我為中心的網絡格局，通過差異格局的一圈又一圈的關係來獲取企業生存和發展所需要的各種資源，倘若處在創業者的關係網具有很多的強連帶，則會降低創

業者獲取各種資源的成本；創業者社會網絡關係強度與創業團隊協調能力有顯著的正向影響關係。

第三，考慮到創業者社會網絡對創業績效的影響過程的複雜性，創業者的社會網絡與創業行為匹配（主要為：機會識別、團隊、資源獲取三者的匹配）並不能夠直接提升創業績效，而是需要通過資源整合的路徑施加影響。具體的影響路徑包括：①創業者社會網絡→機會識別→資源整合；②創業者社會網絡→資源獲取→資源整合；③創業者社會網絡→團隊協調能力→資源整合；④創業者社會網絡→創業者行為匹配→資源整合→創業績效。研究結論表明社會網絡強度對創業績效的影響是通過資源整合來完成的，即使創業者能夠發現一個好的機會，並構建了團隊，獲取了新創企業發展所需要的資源，若忽略了資源整合，則創業績效會出現差異。可見，如何通過資源整合促進新創企業績效的提高，是創業者在創業過程中必須關注的問題。

第四，通過將研究樣本劃分為高科技企業和非高科技企業（主要是服務業和一般製造業），探討了團隊協調能力到創業績效之間的假設在不同樣本之間的關係。研究表明，在以技術創新為導向的高科技企業，創業團隊必須將技術、生產與行銷等資源進行整合，以此達到影響創業績效的目的；但是在以管理創新為導向的非高科技企業，隨著組織制度的健全及公司治理結構的完善，創業團隊需協調自身角色再定位所造成的衝突，並在龐大的組織架構中進行資源分配協調，凸顯創業團隊的協調能力的重要性，因此還存在創業團隊協調能力到創業績效之間的直接路徑關係。

本書的創新點主要表現在三個方面：一是本研究構建並驗證了創業者社會網絡關係強度、創業者行為（機會識別、團隊能力、資源獲取、資源整合）和創業績效三者關係的整體模型。與前人已有的研究有所不同的是：本研究強調創業過程中機會

識別、團隊能力和資源獲取之間的匹配關係，而不是單獨分析創業過程中的三個核心要素。二是採用分組結構方程模型檢驗對模型進行優化，驗證資源整合對以技術創新為導向的高科技企業的重要性——從創業團隊的協調能力到創業績效，必須通過資源整合的仲介作用。三是本研究突出華人社會網絡的情景特徵，將關係強度作為一個重要的研究對象，著重探討其對創業行為和創業結果的影響。以往關於社會網絡結構特徵對創業的影響機制研究，通常用網絡規模、網絡密度、關係強度、中心性、結構洞等維度來衡量社會網絡結構。從多個維度來探討社會網絡結構對創業的影響，在某種程度上忽視了對某一維度特徵的深入研究。在華人的「人情社會」、「關係社會」中，網絡的內圈外圈，圈內圈外的關係不同，關係的遠近程度、信任程度不同帶來的創業行為方式的差異更加值得關注。因此，本研究以華人社會網絡結構中一個重要的維度（關係強度）作為本書的研究對象，著重探討了華人社會網絡的關係強弱對創業行為以及創業結果的影響。

儘管本研究創新性地將社會網絡視角引入創業研究領域，並整合機會識別、創業團隊和資源整合等多種理論，得出並且驗證了一些創新性的學術觀點，對創業實踐及創業理論研究均具有一定的指導意義，但由於本人時間、人力和物力的限制，以及研究對象的特殊性，本研究仍存在一定的局限性。除需擴大樣本獲取範圍提高樣本代表性外，在研究方法上，有必要採用縱向分析和橫向分析、問卷統計與案例研究相結合等方法完善研究過程與結果。同時，對於創業團隊能力的研究，可深入挖掘團隊異質性、規模和角色等其他維度所產生的作用。可見，研究仍有待於進一步完善與深化。

關鍵詞：創業，社會網絡，機會識別，創業團隊，資源獲取

ABSTRACT

As the improvement of science and technology and the development of economy and society, entrepreneurial change has been emerging in our country, and meanwhile private enterprises have become the major strength of our economy. Relevant research on entrepreneurship indicates that entrepreneurial opportunity recognition, team construction and resources integration are three key elements for the success of entrepreneurship, all of are affected by the social network of entrepreneurs. Especially on the background of affection culture in the society of China, the affect produced by social network tends to be more remarkable. However, the existing researches have neglected it intentionally and unintentionally. Therefore, this paper attempts to make breakthrough by adopting social network perspective into the field of entrepreneurship, so as to dynamically and systematically study the behavior of entrepreneurship, better master the essence of entrepreneurship, and further to better direct its practice. Furthermore, according to the theory of differential order and special trust that strong strength plays a key role in the social network of entrepreneurs, this paper focuses on the dimension of link strength for deep exploration based on selecting the perspective of social network.

Based on the exploration and analysis on existing literatures and relevant theories with respect to social network theory, resources basic theory and entrepreneurship management theory, this paper constructs an effect mechanism model of social network on entrepreneurial performance. This model is consisted of six variables including link strength of social network, opportunity recognition, resources acquisition, resources integration and entrepreneurial performance as well as the affecting paths among them. According to the theoretical model, a survey focusing on entrepreneurs from middle - and - small enterprises has been carried out through two steps: the first step refers to hold a small - sample test, and make exploratory factor analysis (EFA), reliability analysis and validity analysis the data of the small sample to select proper items and form formal questionnaire; the second step refers to collect the data of 207 entrepreneurs, make confirmatory factor analysis (CFA) to examine the reliability and validity of the formal questionnaire, and then adopt analysis of variance, analysis of correlation, multi-level regression model and structure equation model to examine the hypothesis. This paper mainly includes the following three parts:

Firstly, it explores the internal mechanism between the link strength of social network and opportunity recognition. The multi-level regression model analysis indicates that positive relationship between the link strength and opportunity recognition, and meanwhile transcendental knowledge and entrepreneurial alertness positively moderates the relationship. The result indicates that entrepreneurs should stress the accumulation and learning of transcendental knowledge, improve the alertness at information selection and marketing, so as to recognize rapidly disappearing opportunities and grasp them.

Secondly, it explores the internal relationship between link strength and entrepreneurial opportunity recognition, entrepreneurial team capability as well as resources acquisition. The empirical analysis results indicate that: the social network link strength of entrepreneurs positively affects opportunity recognition, which means that network members of entrepreneurs』 exchanges honestly based on the mutual trust and high familiarity so that entrepreneurs could be able to deeply explore the information from exchange and then find the hiding entrepreneurial opportunity; the social network link strength of entrepreneurs positively affects resources acquisition. The social network of entrepreneurs is characterized by self-centered network because of the special affection and relationship in China, which promotes entrepreneurs to acquire various resources for existence and development through the circle – by – circle relationship. When numerous strong links exist in the network of entrepreneurs』, the cost for acquiring resources would be lower; the social network link strength of entrepreneurs positively affects entrepreneurial team coordination capability.

Thirdly, the complexity of the affecting process of social network on entrepreneurial performance results that to realize the march between social network and entrepreneurial behaviors referring to opportunity recognition, team and resources acquisition could not directly improve entrepreneurial performance, but through resources integration, with following specific paths: social network of entrepreneurs→opportunity recognition→resources integration; social network of entrepreneurs→resources acquisition→resources integration; social network of entrepreneurs→team coordination capability→resources integration; social network of entrepreneurs→the match of entrepreneurial behaviors→resources integration→entrepreneurial performance. The research draws a conclusion that the effect of network link strength on entrepreneurial performance could be realized through resources integration, namely, even though a good opportunity bad been recognized, a team constructed and relevant resources acquired, entrepreneurial performance could not be realized once resources integration neglected. Therefore, how to improve entrepreneurial performance through resources integration is an innegligible issue in the process of entrepreneurship.

This paper attempts to make three innovative points: firstly, it attempts to establish an integrative model consisting of relationship among social network link strength, entrepreneurial behaviors (opportunity recognition, team capability, resources acquirement and resources integration) and entrepreneurial performance, and it stresses the interrelationship or match among opportunity recognition, team capability and resources acquirement but not treat them as independent elements; secondly, it adopts two - group structural equation model to optimize the constructed model, and the result indicates that resources integration whose importance of for technological - innovation - oriented high - tech enterprises is evident mediates the relationship between team coordination capability and entrepreneurial performance. ; thirdly, while pervious researches on the affect mechanism of social network structural characteristics on entrepreneurship tended to measure network from multi - dimension perspective referring to network scale, network density, link strength, centrality, structural holes and so on, this paper only focuses on the affect of link strength, an important dimension of social network for Chinese, on entrepreneurial behaviors and performance.

Although this paper innovatively introduces social network perspective into entrepreneurship field, combines various theories of opportunity recognition, entrepreneurial team and resources integration, and draws and proves several meaningful conclusions would direct both the practice and theoretical research of entrepreneurship, there are still limitations because of the restriction of time, strength and material resources as well as the specialty of research object. Besides to enlarge sample collecting areas to improve samples more representative, it is necessary to combine vertical analysis with horizontal analysis and statistics with case study to improve both research process and results. Meanwhile, as for study on entrepreneurial team capability, more attention should be taken to the effect of other dimensions like team differentiation, scale and roles. In a word, more and further research should be made on this theme in future.

Keywords: entrepreneurship, social network, opportunity recognition, entrepreneurial team, resources acquisition

社會網路關係強度視角下的創業行為研究

目　錄

1　導論 / 1

　1.1　研究背景 / 1

　　1.1.1　現實背景 / 1

　　1.1.2　理論背景 / 2

　1.2　研究問題的提出 / 6

　1.3　研究目的與意義 / 9

　　1.3.1　研究目的 / 9

　　1.3.2　研究意義 / 10

　1.4　研究設計 / 11

　　1.4.1　研究方法 / 11

　　1.4.2　技術路線 / 12

　　1.4.3　內容結構 / 13

2　相關理論及文獻評述 / 16

　2.1　創業相關基本概念和研究 / 16

　　2.1.1　創業研究思路演進綜述 / 16

　　2.1.2　創業者的概念及相關研究 / 21

2.1.3　創業績效的概念和測量理論 / 23

2.2　社會關係網絡理論及相關研究 / 27

2.2.1　社會網絡的相關概念 / 27

2.2.2　社會網絡的核心理論 / 29

2.2.3　社會網絡結構維度與關係強度 / 38

2.2.4　華人社會中的特殊信任與強關係 / 41

2.3　機會識別相關研究 / 44

2.3.1　創業機會的概念和來源 / 44

2.3.2　創業機會識別的內在機制 / 47

2.4　團隊能力相關研究 / 51

2.4.1　創業團隊的概念 / 51

2.4.2　創業團隊的相關研究 / 53

2.4.3　團隊協調能力 / 55

2.5　資源獲取與整合相關研究 / 58

2.5.1　資源的相關概念和分類 / 58

2.5.2　資源理論與企業能力理論的研究綜述 / 61

2.5.3　資源獲取與資源整合的研究綜述 / 67

2.6　社會網絡與創業行為研究的總體評述 / 74

2.7　本章小結 / 75

3　理論模型與研究假設 / 77

3.1　理論模型的提出 / 77

3.1.1　主體架構 / 77

3.1.2　社會網絡關係強度與機會識別部分的進一步細化 / 78

3.1.3 整體框架 / 80

3.2 研究假設 / 81

3.2.1 創業者社會網絡關係強度與機會識別的關係及假設 / 81

3.2.2 創業者社會網絡關係強度對資源獲取、團隊協調能力的影響 / 86

3.2.3 機會識別對資源獲取、資源整合及績效的影響 / 90

3.2.4 團隊協調能力對資源獲取、資源整合及績效的影響 / 92

3.2.5 資源獲取、資源整合對創業績效的影響 / 95

3.2.6 假設歸納 / 98

3.3 本章小結 / 99

4 問卷設計與小樣本測試 / 100

4.1 問卷設計步驟 / 100

4.2 變量的度量指標 / 102

4.2.1 創業者創業初期社會網絡變量測量 / 102

4.2.2 創業者機會識別、創業警覺性及先驗知識的度量 / 103

4.2.3 創業團隊協調能力的度量 / 105

4.2.4 資源獲取及資源整合的度量 / 106

4.2.5 創業績效的度量 / 108

4.2.6 控制變量的測量 / 109

4.3 小樣本測試與探索性因子分析 / 109

4.3.1 潛在變量測量的有效性分析 / 109

4.3.2 創業者社會網絡關係強度量表淨化與 EFA 分析 / 111

4.3.3 機會識別、創業警覺性及先驗知識的量表淨化與 EFA 分析 / 113

4.3.4 創業團隊協調能力量表淨化與 EFA 分析 / 116

4.3.5 資源獲取及資源整合量表淨化與 EFA 分析 / 117

4.3.6 創業績效量表淨化與 EFA 分析 / 119

4.4 本章小結 / 121

5 大樣本調查與量表質量檢驗 / 122

5.1 樣本與數據收集 / 122

5.2 樣本描述性統計 / 123

5.2.1 創業者個體特徵統計 / 123

5.2.2 樣本企業分佈情況統計 / 124

5.2.3 測量項目描述性統計 / 125

5.3 數據的有效性分析 / 127

5.3.1 量表信度檢驗 / 127

5.3.2 探索性因子分析 / 129

5.3.3 驗證性因子分析 / 132

5.4 本章小結 / 141

6 研究假設檢驗 / 142

6.1 方差分析 / 142

6.1.1 創業者個體特徵的方差分析 / 143

6.1.2　方差分析小結 / 146

6.2　相關分析 / 146

6.3　調節效應檢驗 / 148

　　6.3.1　調節效應的原理及作用 / 148

　　6.3.2　創業者社會網絡關係強度與機會識別的調節效應檢驗 / 148

　　6.3.3　調節效應小結 / 150

6.4　仲介效應檢驗 / 151

　　6.4.1　仲介效應的原理 / 151

　　6.4.2　資源整合的仲介效應檢驗 / 152

　　6.4.3　仲介效應小結 / 154

6.5　結構方程模型分析 / 155

　　6.5.1　模型構建 / 155

　　6.5.2　整體模型適配度 / 157

　　6.5.3　路徑及假設檢驗 / 157

　　6.5.4　分組結構方程模型檢驗 / 159

6.6　本章小結 / 161

7　結論、創新點與展望 / 162

7.1　結論 / 162

　　7.1.1　結論一 / 162

　　7.1.2　結論二 / 163

　　7.1.3　結論三 / 165

　　7.1.4　結論四 / 165

7.1.5　結論五 / 166

7.2　可能的創新點 / 167

7.3　實踐意義 / 169

7.4　局限及展望 / 172

7.4.1　局限 / 172

7.4.2　展望 / 173

參考文獻 / 176

附錄：調查問卷 / 209

致謝 / 216

1　導論

本章主要介紹本書的研究背景及意義、國內外研究現狀及本書的研究內容與研究方法等。

1.1　研究背景

1.1.1　現實背景

早在 1985 年，德魯克就提出了創業型經濟的概念，並認為在此之前的 10 到 15 年美國產生創業經濟形態是近代經濟社會史上發生的最重大和最有意義的事件。中小企業的發展和壯大為美國社會創造了三分之一的國內生產總值，提供了 50% 的就業機會（耿新，2008）。

在中國，中小企業也扮演著同樣重要的角色。隨著改革開放以來的科技進步和經濟社會的發展，中國「創業革命」正在興起，民營企業已經發展成為中國經濟的重要力量。2004 年的中國經濟普查數據顯示：中國民營企業數量達到 223.5 萬戶，占全部企業數的 72%；經濟總量達 7.2 萬億人民幣，占所有企業經濟總量比重的 45%。到 2008 年底，民營企業在 GDP 當中已

經占到50%以上，對財政收入的貢獻達到55%，在解決勞動力就業方面的貢獻則超過60%。當前中國創業板的設立和運行，正是在創業大潮背景下產生的一項標誌性成果。那麼，究竟是哪些因素影響了創業的成功呢？在中國當前的創業環境下，這些因素發揮了什麼樣的作用以及如何發揮作用的？這些正是本書積極探尋答案的問題。

應該說，致使創業成功或失敗的原因是複雜且多樣的，其中的關鍵之一便是創業資源的獲取及整合問題以及與此緊密關聯的社會網絡問題。由於創業過程與結果存在高度不確定性，加上資源累積的缺乏，創業機會、人力資源（創業團隊）、物質資源等創業資源的獲取和整合成為創業的關鍵因素。除此之外，社會網絡對創業機會、人力、物質資源等的獲取及配置發揮著重要作用，特別在中國社會的「關係」文化背景下，企業家的社會資本（網絡）對於創業活動的影響尤為關鍵（石軍偉，2007）。儘管相比國有企業擁有強大的政府關係網絡和跨國公司依仗強大的企業關係網絡，創業企業因單憑創業者個人社會網絡的力量而顯得差距懸殊，但僅就創業本身而言，創業者的社會網絡功不可沒。

基於以上所述，中國創業蓬勃發展以及社會關係對創業重大影響的現實背景，用社會網絡分析方法研究中國創業活動，研究創業者個體社會網絡對於創業行為的影響機制，對於中國創業者如何有效利用社會網絡（資本）提高創業管理和績效水準具有重要的現實意義。

1.1.2 理論背景

創業研究已經成為社會學、管理學、人類學和心理學等多個學科的研究熱點，各學科從不同的角度對創業領域進行研究

和探討，取得了豐碩的成果。特別是 Timmons 提出了創業過程模型後，有關創業過程中機會識別、團隊構建和資源整合等創業行為的研究不斷興起。這些研究總體上認為這三個創業行為是決定創業績效的關鍵所在。之後的研究逐步將視野轉移至探討機會識別、團隊構建和資源獲取等創業行為的具體影響因素，即創業行為能力的影響機制。其中探討創業者對創業績效的影響已經成為創業研究的一個重要研究領域，比如探討創業者特徵對創業績效的影響、創業者特徵對創業行為能力的影響以及創業者社會網絡（資本）對創業績效的影響等。儘管關於創業者特徵的研究在初期的研究中占據主導地位，但其隨著研究的深入其不足與缺陷日漸凸顯，如出現創業特徵鏈條過長，多數特徵不可習得，有「天生」的意味等。因此，創業者社會網絡的影響作用逐漸引起學術界和實業界的關注。

　　社會網絡研究作為社會學的一個理論流派，形成了獨特理論視角，研究指出：社會現象（社會事實）不是個體行動者的簡單加總，即個體加總不等於總體；社會是一個非線性的世界，社會現象之間不是（至少不完全是）簡單的線性因果關係。網絡視角既不把個人看做彼此無關聯的自由原子人，因為這犯了「低度社會化」的謬誤（Granovetter，1985）；也否認人在社會中處於無自主選擇的牢籠狀態，因為這犯了「過度社會化」的錯誤（1985）。Granovetter（1985）指出，出現「低度社會化」的謬誤或是「過度社會化」的錯誤，都是因為它們都忽略了一個中間的環節，即社會關係以及社會網結構。社會網結構與行動是互為因果的：個人行動會自組織形成社會網結構，社會網又會產生集體行動與社會力，同時，社會力又會影響社會網結構進而約束個人行動。可見，網絡可以在結構與行動之間搭「橋」，也可以在個體與集體之間搭「橋」；分析關係與社會網

結構，可使微觀個人行為到宏觀的社會現象之間的過程機制得到顯現和說明。

　　社會網絡理論提出社會網絡的關係內容（嵌入社會網絡中的社會資源）、社會網絡的治理機制和社會網絡的結構對社會網絡成員行為的重要影響。社會網絡對個人就業、職業生涯、網絡內部資源的交換、團隊的效率、社會網絡成員的創業、創業企業的成長、組織學習能力都有深刻的意義。社會網絡理論的發展使得社會網絡分析方法得以成熟，因此運用社會網絡分析方法探索社會網絡對創業行為的影響機制成為創業研究領域的重大突破。

　　正如不少創業案例所表明的，創業成功與否，取決於創業者構建其人際網絡或社會網絡的能力，處於較為有利的社會網絡結構中的創業者會有更多的機會取得創業成功（Burt，1992、1997；黃泰岩、牛飛亮，1999）。可見在創業階段，創業者對社會網絡的依賴程度是很高的，其經營性活動和創新性行為都是在具體的關係網絡中實現的，創業者既是這一網絡的創造者，也受制於該網絡。中國的實踐也表明，中國民營企業中的大部分是借助人際關係網絡建立並發展起來的（李路路，1998），並且社會關係結點的特殊性質保證了其經營的成功（石秀印，1998）。因此，社會網絡是企業家創業中最富有價值的資產之一，它對機會認知、創業團隊形成、資源累積是至關重要的，是為創業提供發現和抓住外部機會和資源的橋樑（Hite，2005）。但在創業活動中，許多創業者只重視將網絡作為籌集資金的重要渠道，而無法通過對社會網絡動態發展的管理來選擇其創業活動，達到預期的創業效果。

　　因此，本書基於社會網絡理論來分析創業行為，在理論上具有合理性。目前有關社會網絡與創業行為之間關係的研究仍

停留在比較粗淺的層面上，以下幾方面原因促使本書進一步研究基於社會網絡的創業問題。

首先，將社會網絡的相關理論引入創業學領域是一必然趨勢。許多管理理論研究均假設個體是在與其周圍各種影響力明顯隔絕的情況下作出決策的。原子論思維在許多管理學分支領域處於統治地位，因此導致了社會網絡的影響長期被忽略，創業學領域的研究似乎也不例外。正如社會網絡分析領域的一項調查指出：「在經濟學家和心理學家通常設定的原子論視角下，個體行動者被描述成不考慮其他行動者的行為而獨自決策和行動」（Knoke、Kuklinski，1982）。由此可見，忽略社會情境不僅影響到管理學、經濟學和心理學等更傾向於個體層次研究的社會學科，也影響到了諸如社會學和創業學這樣更注重結構面研究的學科。

其次，已有研究指出，社會網絡通過影響創業者、創業機會、創業團隊和創業資源等創業核心要素，進而決定新企業的創業績效。但有關社會網絡與各創業核心要素的關係研究仍停留於對創業者社會網絡構成與獲得各創業要素可能性之間關係的討論，沒有進一步挖掘創業者社會網絡構成特徵與各創業要素特徵之間的匹配關係，即社會網絡與這些創業核心要素相互作用的內在機理仍有待我們進一步探索。此外，就實踐而言，中國的許多創業者對社會網絡的理解僅局限於傳統經驗層面，未能對社會網絡內涵作深度把握，影響了他們對創業核心要素進行更為系統地整合，這對創業企業的長遠發展不利。

最後，社會網絡對創業機會識別、創業團隊構建和資源獲取整合能力的影響，不僅決定著創業的選擇，還影響著創業的結果，但社會網絡在支持創業的同時自身也在不斷地發生著演化，創業者在整個創業過程中要根據創業的不同階段採用不同

的網絡組合。而傳統的研究忽略了創業過程中的社會網絡是一個隨時間變化的動態過程這一事實。

總之，近年來社會網絡研究蓬勃發展，是社會學領域的一個研究熱點，該理論已被沿用至其他許多學科領域，包括創業學領域，極大地拓展了創業學視野。許多學者指出，社會網絡理論有可能成為跨越微觀行動與宏觀結構的理論之橋。Granovetter等經濟社會學家寄希望於人際網絡，認為其作為一種研究範式能夠將宏觀結構置於個人行動理論的解釋範圍之內，從而超越帕森斯主義社會學將個體與總體分立的傳統。個人的理性選擇所依賴的具體環境不再被視為既定不變，創業學所研究的眾多最優化問題將被置於一個更為動態的過程加以審視。這些方法論的發展同時影響著以此為基礎的眾多經驗研究。

因此，在社會網絡和創業行為兩個理論不斷發展的背景下，將創業置於一個社會結構的視角下進行研究成為創業研究領域的熱點。研究社會網絡對創業活動的影響改變了之前研究將創業活動與社會關係割裂研究的狀態，將創業者的行為以社會行為的角度加以探討，有利於對創業行為影響機制有更深入地研究，進而更科學地分析這個創業體系對創業結果的作用。

1.2　研究問題的提出

創業研究領域一直關注創業結果的影響因素，最初的研究多是從創業者個人特徵的角度研究，即哪些創業者特質將導致創業成功等。後來的研究開始關注創業過程對創業結果的影響，而不再單純地從創業者個人特徵的角度進行研究。Gartner (1985) 認為單純地從創業者特質的角度研究創業活動，太過於

單一和極端。他強調，如果要研究創業結果的影響機制，首先需要研究創業活動過程的規律性和特徵。

與此同時，大量的經驗觀察及研究均發現在創業活動過程中，創業者的社會網絡對創業活動發揮著重要作用，嵌入在社會網絡中的社會資源是創業者獲取創業資源的重要來源（林劍，2007）。同時，將社會學、管理學、心理學等多學科領域的研究方法結合起來分析創業問題已經成為創業領域研究的新方向。然而面對複雜的創業問題，目前的研究方法仍存在其局限性，使得創業依然是個未被充分理解的領域。以往的研究往往只強調社會網絡在創業機會發現或創業資金獲取中的作用，尚缺乏對社會網絡對創業績效的影響機理的系統分析，即很少有人分析社會網絡如何從內容、結構上分別地或綜合地影響創業機會、團隊構建、資源整合等創業關鍵行為，進而影響創業績效。

系統性研究的缺失，使得人們仍無法有效判斷社會網絡在創業中所起的實際作用。中國社會文化背景下，社會關係的強弱對資源配置的影響尤為突出，親人和朋友組成的強關係網絡與熟人組成的弱關係網絡最體現中國社會的特點（羅家德，2006），其中特別是中國社會對親情的強烈感情，使得研究社會關係強度對創業活動的影響顯得尤為必要。雖然社會網絡對創業活動的影響可以從不同的研究角度加以探討，但是由於社會網絡關係內容和治理機制的測量方法尚存在大量爭議，大部分已有研究主要關注社會網絡的結構特性對創業活動的影響。

綜上所述，結合中國現有的研究成果，本研究認為中國有關創業研究還存在以下不足：

第一，學界傾向於割裂地分析創業過程中三個核心要素即機會識別、創業團隊和資源獲取分別與創業成功之間的關係，而未能有效地分析及歸納三個創業核心要素對創業過程的綜合

影響模式。實際上，創業過程中的創業機會的性質和來源、識別途徑、開發方式，創業團隊的構建及協助能力，創業資源的獲取途徑，創業者社會網絡的關係強弱程度以及影響機會識別、創業團隊和資源獲取的相關因素等，構成了整體意義上的創業選擇模式。因此僅僅分析某一個或幾個方面，均有可能使研究偏離正常軌道，而無法呈現較為完整的且符合現實的創業過程，也不可能為創業績效的改善提供更有效的建議。

第二，社會網絡與創業行為之間的聯繫的研究較為薄弱。特別是基於中國文化及現階段國情背景下，有關社會網絡與中國企業家創業行為的實證研究仍較為薄弱。雖有費孝通、黃光國、邊燕杰為代表的一批學者對中國的人情社會、關係等作了系統的梳理，並提出更符合中國文化實際且與西方有別的理論體系，但這些研究結論在中國創業領域的運用仍處於起步階段，需要學界作持久的努力。

第三，相關研究還缺乏對社會網絡關係的動態研究。目前多數研究只針對創業初期，而較少關注隨著創業企業的成長，企業家網絡所呈現的變化趨勢（規律），以及這種演化趨勢如何影響創業之各種核心要素。此外，目前學界還較少關注創業者如何通過不同的網絡關係實現企業的成長，亦即不同的網絡關係在公司的不同發展階段起的作用不同。由於相關研究缺乏動態性，以至理論研究無法幫助創業者從長遠的視角來謀求機會識別、創業團隊、資源獲取整合能力與創業績效之間的某種平衡。

根據前述創業者面臨的現實情況和創業研究、社會網絡分析方法的研究現狀，本書關注下列問題：

第一，創業機會識別、團隊協調和資源獲取對創業成功的影響分析。

創業機會識別和資源獲取是創業成功的關鍵要素，分析出不同類型的創業機會的特徵、識別與獲取途徑，建立創業機會識別的影響因素模型，分析不同類型資源的獲取以及資源組合對創業選擇的影響；並在此基礎上建立機會識別、團隊協調與資源獲取之間匹配關係的理論模型。分析匹配方式對創業成功的影響，是本書研究的關鍵問題之一。

　　第二，不同的網絡關係強度對創業機會識別、團隊協調和資源獲取的影響分析。

　　在中國轉型時期，社會網絡對企業家創業行為的影響還停留在定性的討論上。對於不同的社會網絡關係對創業機會識別和資源獲取的影響，還缺乏進一步的分析。本書在研究社會網絡關係強度對機會識別、團隊協調和資源獲取匹配整合模型影響的基礎上，進一步分析了企業家不同時期的社會網絡的發展與演化對創業成功的影響。

1.3　研究目的與意義

1.3.1　研究目的

　　本研究的主要目的是探討創業者社會網絡的關係強度對創業的三個關鍵行為（機會識別、團隊協調能力和資源獲取）的影響，即創業者如何利用和優化社會網絡的關係結構促進創業活動的開展，以達到創業成功的目的。具體的目的分解為以下三個方面：

　　（1）分析影響企業家創業機會識別、團隊協調和資源獲取的相關因素，建立機會識別與資源獲取、團隊協調與資源獲取的匹配關係以及對創業選擇的影響。

（2）明確創業過程中機會、團隊和資源三者的匹配整合的重要性，企業家對創業機會以及創業行為的選擇，如何通過資源整合實現最終的創業成功，為中國轉型環境中企業家的創業實踐提供理論指導和建議。

（3）提出企業家社會網絡關係強度對創業過程的影響機制是通過機會識別、團隊協調、資源獲取的影響及作用得以實現的觀點，進而形成基於社會網絡的創業過程研究模式的框架。

1.3.2 研究意義

1. 理論意義

本書基於社會網絡視角，對企業創業行為進行研究。本研究的理論意義主要體現在四個方面：

（1）嘗試運用個人中心網絡分析方法，分析研究社會網絡對創業活動的影響機制。以往的研究者多採用整體網絡分析方法探討社會網絡對創業活動的影響，較少考慮創業者個人中心網絡對創業活動的影響。本研究將聚焦於創業的最初階段，分析總結企業家個人的社會網絡情況對創業活動的影響。

（2）強調創業過程中機會識別、團隊構建與資源獲取整合能力之間的匹配關係，而不是單獨分析創業過程中的三個核心要素。通過建立機會識別、團隊構建與資源獲取之間的匹配模型，進一步釐清了三者之間的關係；同時還考慮了創業者不同的社會網絡關係的不同功能對創業過程中各關鍵要素的不同影響，特別是對創業機會識別、團隊構建與資源獲取整合能力的影響來分析其對創業結果的影響。

（3）著重探討了創業行為中資源整合行為在創業行為對創業績效的影響機制中的作用，用經驗研究的方法探討了機會、團隊和資源之間的匹配整合對創業績效的影響路徑。這拓展了

創業研究領域中的資源整合理論的研究視野。

（4）通過對創業者個人社會網絡關係強度的研究，為企業家如何運用社會資本進行創業活動提供理論指導。另外，深入研究企業家個人的社會網絡關係強度對於中國企業家社會資本的累積和社會網絡的構建和維護都具有重要意義。

2. 實踐意義

創業研究領域發展經歷了一個長期的過程，隨著創業理論的不斷成熟和領域經驗研究的出現，創業研究成果在實踐中得到了很好的應用。本研究可以為中國創業者進一步把握在中國特定的情境與文化下社會網絡之獨特性，並依此構建有利於創業行為的社會網絡提供一些實踐思路；同時，也努力為中國創業者更好地理解社會網絡與機會識別、創業團隊、資源整合等創業行為之間的關係提供一種系統思維方式及具體實踐思路。

1.4　研究設計

1.4.1　研究方法

本研究綜合運用社會網絡理論、資源基礎理論及創業管理等相關學科的理論，探討創業者社會網絡下的創業行為研究，研究遵從規範到實證的邏輯，並且注重規範和實證相結合的研究方法。規範分析為本研究的模型構建提供了堅實的理論基礎；實證研究則通過所獲得的調查樣本對模型進行驗證，為分析解決問題提供了依據。

（1）規範分析

為了更好地研究基於社會網絡視角下的創業行為，筆者在力所能及的範圍內搜集並大量閱讀了國內外的相關文獻和資料，

並對這些資料進行歸納、總結和提煉，在此基礎上，構建本研究的理論框架並提出相應的假設。此外，本研究主要採用問卷調查方式收集實證數據，而變量的量表信度和效度是檢驗研究是否合乎規範的依據，故此，筆者仔細找尋與本研究相關變量的測量量表，以為實證研究做好鋪陳。

本研究的主要變量包括創業者社會網絡關係強度、創業者機會識別、先驗知識、創業警覺性、創業團隊能力、資源獲取及整合、創業績效等。各個研究變量主要參考和借鑑現有成熟並應用廣泛的量表，這些量表具有良好的信度和效度。

（2）實證研究

實證研究方法是建立在事實觀測的基礎上，通過一個或者若干具體事實或證據而歸納出結論。本研究的實證分析採用問卷調查的方式進行，問卷調查過程包括預調查和大樣本調查。在預調查階段，本研究主要對初步問卷進行小樣本測試與探索性因子分析，通過淨化量表的測量條款，得出正式問卷，以備進行大樣本的問卷調查。

本研究採用的統計軟件為 SPSS16.0 和結構方程模型（SEM）軟件 AMOS 17.0。錄入問卷原始數據後，通過 SPSS16.0 對所收集的數據進行描述性統計分析、可靠性分析、方差分析、迴歸分析及相關分析等，AMOS17.0 則對數據進行驗證性因素分析（CFA）、結構方程建模與檢驗等。

1.4.2 技術路線

根據本研究的目的及提出的研究問題，遵循定性分析與定量分析相結合的原則，本研究的技術路線如圖 1-1 所示：

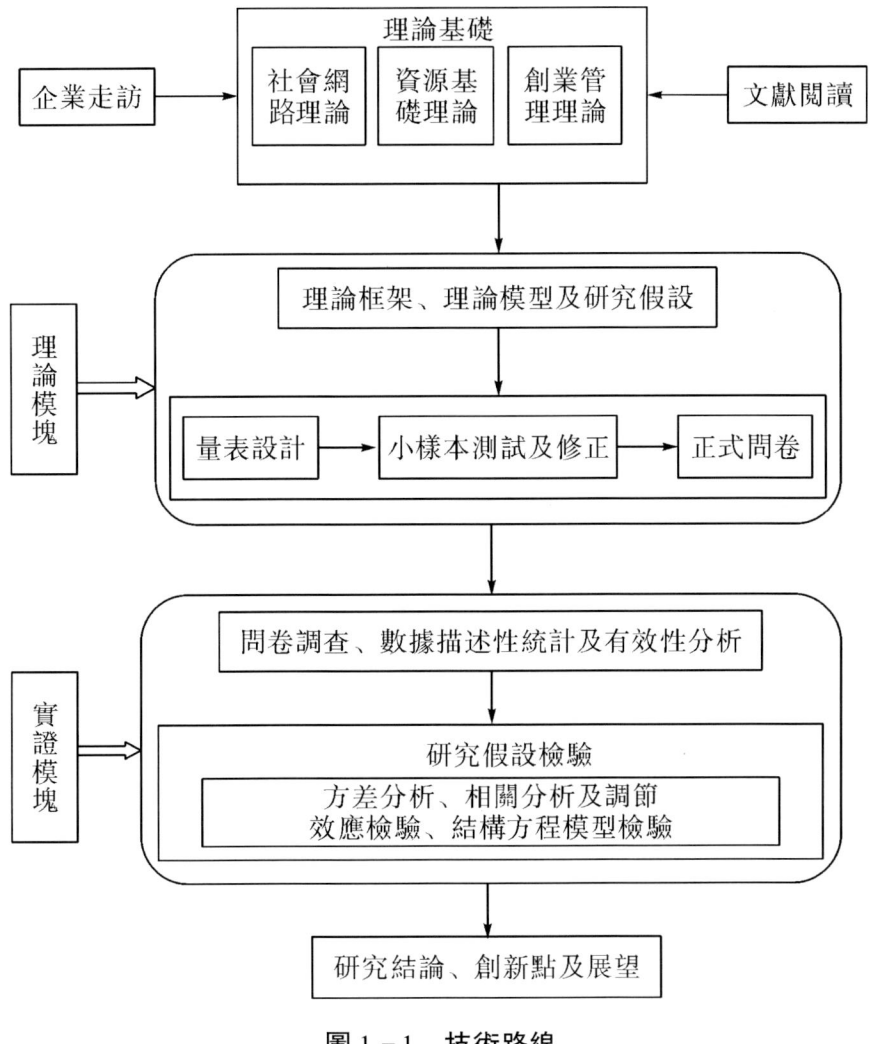

```
                    理論基礎
            ┌─────────────────────────┐
            │ 社會網  資源基  創業管  │
 企業走訪 → │ 路理論  礎理論  理理論  │ ← 文獻閱讀
            └─────────────────────────┘
                          │
                          ▼
         ┌───────────────────────────────────┐
         │   理論框架、理論模型及研究假設     │
         │                                   │
 理論     │                                   │
 模塊  ⇒  │  量表設計 → 小樣本測試及修正 → 正式問卷 │
         └───────────────────────────────────┘
                          │
                          ▼
         ┌───────────────────────────────────┐
         │  問卷調查、數據描述性統計及有效性分析 │
 實證     │                                   │
 模塊  ⇒  │         研究假設檢驗              │
         │    方差分析、相關分析及調節        │
         │    效應檢驗、結構方程模型檢驗      │
         └───────────────────────────────────┘
                          │
                          ▼
              研究結論、創新點及展望
```

圖 1-1　技術路線

1.4.3　內容結構

本研究的內容結構根據研究目的和技術路線來確定，一共分為7章。

第1章：導論。本章主要對研究背景進行闡述，提出研究的問題、目的及意義，並對研究方法、研究路線及內容結構作

了說明。

　　第 2 章：相關理論及文獻評述。相關理論與文獻評述包括三個方面：社會網絡的理論及相關研究、創業行為的理論和相關研究、社會網絡與創業行為的研究評述。

　　第 3 章：理論模型與研究假設。在文獻綜述和現有研究的基礎上，基於社會網絡理論、資源基礎論和創業管理理論，構建了本研究的理論模型，並圍繞創業者社會網絡關係強度與機會識別的關係，創業者社會網絡關係強度對資源獲取和團隊協調能力的影響，機會識別對資源獲取與資源整合及績效的影響，團隊協調能力對資源獲取和資源整合及績效的影響，以及資源獲取、資源整合對創業績效的影響等方面進行闡釋，並提出相應的假設。

　　第 4 章：問卷設計與小樣本測試。本章重點探討了問卷的開發過程，並對初始問卷進行小樣本測試及修正，形成正式樣本。首先介紹問卷設計的主要步驟；然後，在借鑑和參考較為成熟的測度量表的基礎上，分別設計研究中涉及的主要變量，包括創業者初期社會網絡強度、創業者機會識別、創業警覺性、先驗知識、創業團隊協調能力、資源獲取、資源整合能力以及創業績效的量表；最後，通過小樣本測試獲取相關數據，對量表進行探索性因子分析，達到初步檢驗量表質量、淨化和修正量表、形成正式問卷的目的。

　　第 5 章：大樣本調查與量表質量檢驗。形成正式問卷後，通過多種方法或途徑對四川省內的企業進行調查，獲取了 207 份有效問卷。根據問卷獲取的數據，對創業者個體特徵、樣本企業分佈情況和測量項目進行描述性統計，並對數據進行有效性分析，主要包括量表的信度檢驗、探索性因子分析及驗證性因子分析。分析結果表明，本研究中的各個變量具有良好的信度和效度，說明本研究中收集的樣本質量較高。

第 6 章：研究假設檢驗。通過所收集的有效問卷，採用 SPSS16.0 和 AMOS 17.0 對數據進行分析，對假設進行檢驗。首先，基於創業者個性特徵進行方差分析，得出性別和學歷對創業者的社會網絡關係強度沒有顯著性的影響，而創業者的年齡越高和工作年限越長，其社會網絡關係強度越強；接著，進行 Pearson 相關分析，得出各個變量之間都存在正顯著相關關係，初步支持所提的假設；然後，通過層次迴歸模型檢驗先驗知識和創業警覺性對創業者關係強度和機會識別關係的調節效應，結果驗證了調節效應的存在；最後，通過結構方程模型對理論模型予以分析、實證檢驗，檢驗結果表明，假設大部分都得到支持，同時還進行了分組結構方程模型檢驗，考察在面對不同產業特徵時，各個變量之間的相互關係，並修正本研究的理論模型。

第 7 章：結論、創新點與展望。根據數據分析結果，對主要結論予以總結，包括：創業者先驗知識和創業警覺性均正向調節創業者社會網絡關係強度與創業機會識別的作用關係，因此，有必要強調創業者先驗知識與創業警覺性的重要性；研究證實了創業者社會網絡關係強度與機會識別、團隊及資源獲取之間的內在關係，其假設經過實證研究得到證明；研究證實了創業者機會識別與團隊協調能力對資源獲取的影響；在高科技企業中，創業團隊的協調能力到創業績效的作用必須通過資源整合這一仲介得以實現；創業者社會網絡對創業績效的影響過程是複雜的，創業者的社會網絡與創業行為匹配（主要為：機會識別、團隊、資源獲取三者的匹配）並不能夠直接提升創業績效，而是需要通過資源整合的路徑影響等。此外，本章還提出本研究的可能創新點，並指出研究的局限及後續研究展望。

2 相關理論及文獻評述

本章是文獻綜述部分。首先對社會網絡基本理論和社會網絡結構維度的相關文獻進行了綜述，然後對創業過程的關鍵行為（機會識別、團隊構建、資源獲取和資源整合）的研究進行了綜述，最後是對相關內容進行總結並提出文獻綜述得到的啟示。

2.1 創業相關基本概念和研究

2.1.1 創業研究思路演進綜述

簡而言之，創業研究歷經了三個階段。這裡將通過對這三個階段的梳理，明確本研究的基本思路。

1. 創業研究的早期主要領域——創業特質論及其不足

創業（entrepreneurship）作為一個專門的研究領域與開創新事業和創新緊密地聯繫在一起。這一傳統領域始於熊彼特，後來經 Kirzner 和 Casson 等學者得以進一步發展。

早期的研究更多傾向於採用特徵導向（traits-oriented）的方法研究創業，大量的研究從社會學和心理學的角度出發探討和研究創業者特徵對創業成功或者創業企業績效影響，以及創

業者的特質或心理特徵如何影響創業行為、創業過程等。特徵研究之目的主要有二：一是借此來辨別誰是成功的創業者，誰不是；二是以此來培育新的創業者。

從研究始發角度不同，對創業者特徵的探討也主要分為兩類：一類是從心理學的角度出發，研究創業者的性格特徵、心理特徵等先天因素對創業行為的影響；另一類是從社會學的角度出發，探討創業者內在的社會經驗、社會背景等後天因素對創業行為的影響。特徵研究的核心觀點是某些特定類型的個人能夠進行創業，因此創業特徵在以往的研究中被概括為個人特徵（例如成就動機、風險承擔傾向、創新性等）、社會文化特徵（Weber，1904；Shane，1993）、社會階層和族群特徵（Aldrich、Waldinger，1990）、制度特徵（North，1990；張維迎，1996；周其仁，1997）等。這些研究的內在邏輯強調了創業是與個人及其所處的社會群體的各種特徵相聯繫的，因此創業的產生與否、怎樣產生都可以通過這些相對穩定的特徵加以預測。

隨著創業研究領域的不斷發展，學者們逐步探討創業者的一些內在能力對創業行為的影響，例如探討創業者學習能力和認知能力對於創業行為的影響。這是關於創業者特質研究的進一步延伸。

然而，隨著對創業領域研究的進一步深入，創業特質論日益暴露其不足，促使學界須跨越其局限，以拓展創業研究的視域。創業特質論的不足主要體現在以下四個方面：一是隨著研究對象即創業者的增多，納入視野的創業特徵越來越多，特徵鏈條越來越長，似乎在抽象地構築有關創業者的完美形象，這樣必然導致理論研究離現實越來越遙遠。因為符合這麼多特徵的人幾乎沒有，但創業者就來自我們身邊，包括我們自己。二是這些特徵的概括隱含著「成王敗寇」的邏輯而且因果含混。例如，如果一個創業家成功了，則幾乎其所有的特質都是優秀

特質；如果失敗了（即便是同一個人），則基本被全盤否定。同時，到底是優秀特質（如自信）導致創業成功還是成功凸顯某種特質（如自信），該理論無法作出回答。三是多數特徵不可習得，有「天生」的意味，且不易觀察測量，缺乏研究價值。四是忽視了情景因素。創業者個體以外因素的影響，比如社會網絡、團隊、創業環境、文化氛圍，對於創業績效可能有更大的影響（Frese、Rauch，2003）。一些學者甚至認為，特徵視角研究所建立起來的各種變量——無論是個人的、文化的、還是制度的，並不能幫助我們真正理解創業這個跨越時間與空間的動態性過程（Gartner、Shane，1995）。

2. 創業行為研究視角——創業行為概念和內容

創業特質論研究的上述缺陷，必然推動創業領域的研究重心由不易觀察測量的特徵層面轉移至易觀察測量的行為層面。Gartner（1985）認為單純地從創業者特質的角度研究創業活動，太過於單一和極端。他率先強調研究創業結果的影響機制需要研究創業活動過程的規律性和特徵。Drucker（1978）認為創業不是個人性格特徵，而是一種行為，是可以組織並且是需要組織的系統性工作行為。

但創業行為是一個內涵及外延均相當寬泛的概念。廣義而言，它指稱所有與某項創業活動有關的一切行為，但這樣寬泛的表述顯然無法進行研究，因此抓住創業關鍵行為要素是研究的首要任務。

Timmons 的創業過程模型（如圖 2-1 所示）闡述了新企業得以成功創建的內在驅動力，將創業過程描述為創業者將商機、團隊和資源三個驅動力進行的匹配與整合（Timmons，1974）。Stevenson、Roberts 和 Grousbeek（1994）認為創業是一種管理方法，是「在不拘泥於當前資源條件限制下的對於機會的捕捉和利用」，可以從 6 個方面對這種管理行為（手段）進行描述：戰

略導向、把握機會、獲取資源、控制資源、管理結構、報酬政策。基於創業過程模型，創業被定義為創業者在感知機會後的資源整合行為，創業過程被定義為從感知創業機會到構建創業團隊、獲取資源的邏輯過程（張玉利、楊俊，2003）。

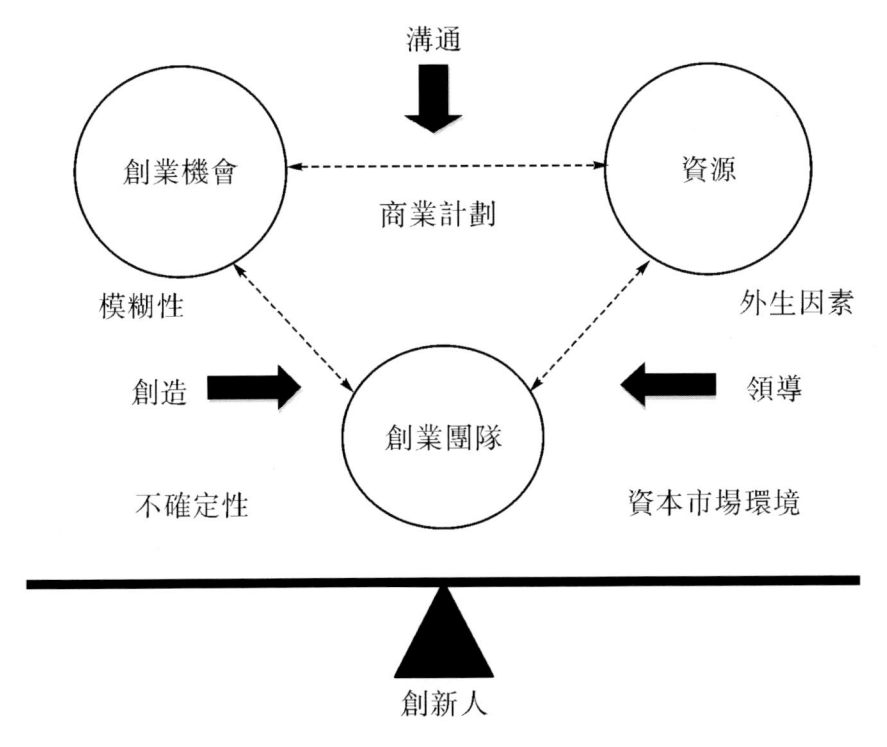

圖 2-1　Timmons 的創業過程模型

可見，隨著創業研究的發展，創業行為不再被認為是一項投機行為，而是一項綜合性管理行為。目前，不少學者通過創業過程要素進行創業行為的研究，將過程中的三個驅動力作為影響創業結果的內在要素，將創業者的個人特質、經濟環境、制度環境、地區的創業文化環境等因素作為影響創業結果的外生因素，以此構建創業過程至創業結果的影響因素模型（宋宇，2009；張玉利、楊俊，2003）。楊俊（2005）廣泛採納創業行為的觀點和理論，將創業的關鍵任務和相互關係歸納為創業者完

成和銜接「感知和評價創業機會，整合資源以創立新企業」等幾項關鍵任務。

結合已有文獻，本研究決定將機會識別、團隊能力、資源獲取和資源整合等四個方面作為創業行為關鍵要素，並以此構築本書的基本理論框架。本章後面將分別對機會識別、團隊能力、資源獲取、資源整合等方面的研究進行綜述，同時借此說明本研究選擇這四個要素的理由。

3. 權變（情景）視角下的創業行為研究

應該說，學界從創業者與其所處環境的特質視角以及行為視角對創業進行研究是非常有意義的，但是這些特徵及行為由於其內在相對固化穩定的特性而彼此割裂，因此在被用於解釋創業之系統及動態過程時，顯得蒼白無力（Gartner、Shane，1995）。經驗研究表明，在一些以往不被認為具有創業型文化特徵的群體中，例如華人社會（Redding，1990；Weidenbaum、Samuel，1996），卻表現出旺盛的創業願望。這些現象使得學界開始反思從特徵及行為視角來研究企業家的不足。我們只能靜態地理解不同的因素對創業產生的影響，至於這些影響具體如何發揮作用、影響程度如何、個人行為與結果影響之間如何相互作用等問題則無法在理論上得以解釋。而在這一點上，在社會科學中嵌入性觀點及相關研究方法則有助於加深我們對企業家在不同的社會結構、創業環境以及自身條件下的具體實踐的認識（Swedberg，2000）。

正是基於此，經濟社會學家 Granovetter 強調經濟行動對於社會結構具有嵌入性，他認為「超額利潤」不足以說明創業行為的產生，研究創業者必須研究個人或群體所處的社會結構，創業者行為產生於某些特定的結構之中，且在該結構下開創新企業的努力是有利可圖的（2000）。相對於原先固化的視角，結構視角的觀點希望通過考察在隨時變化的社會情境中企業家如

何作出實際的決定來加深對創業的理解。

目前越來越多的研究者注意到企業家能力主要體現在與環境的互動過程之中。正因為如此，社會資本理論與社會網絡分析逐漸成為企業家研究中一種新興的範式（Saxenian，1991；Burt，1993、1997）。而且社會網絡作為連接宏觀結構與微觀行動之間的一個概念，在研究者的努力下，已經初步具備瞭解決個人行動與結構之問理論斷裂的可能性。Granovetter（1992）就曾指出，對社會網絡的分析提供了連接個人行動與總體社會形態之間的可能性。因此，在創業的研究中引入網絡與社會資本的方法將有助於我們深入理解創業產生的動態過程。

創業是基於創業者社會網絡或社會資本的機會驅動行為。在機會識別階段，創業者利用社會網絡獲取機會、識別評價機會信息，為創業過程規避風險；在團隊構建階段，創業者通過現有的社會網絡組建創業團隊，構建適合開發創業機會的團隊組合，充分發揮團隊能力，借創業團隊成員的資源稟賦獲取資源；在資源獲取階段，創業者通過已有的社會網絡中嵌入的社會資本，提高資源獲取的速度和效率。

2.1.2 創業者的概念及相關研究

自創業研究的開始，學者們就不斷地探討影響創業績效的要素，即把研究的焦點聚集在影響創業成功或者說導致創業失敗的因素上。而創業者作為創業行為的主體，影響著商機的識別和挖掘、創業團隊的組建和維護、創業資源的獲取和整合等創業行為，因此，創業者始終是創業理論和實踐研究的重要著力點。

創業者（entrepreneur）的概念隨著研究深入而不斷發展和延伸，本研究收集整理了有關學者對創業者界定的資料，其主要觀點如表2-1所示：

表 2-1　　　　　　　　創業者的不同界定

學者	主要觀點
Brockhaus（1980）	創業者是有強烈願景，捕捉機會承擔起一項新事業，組建團隊，籌措資金，並且承擔風險的人。
Nelson（1986）	成功創業者的關鍵是是否承擔風險、時機、資金和毅力。
Peterson & Alaum（1989）	創業者是組織資源、積極管理並且承擔創業風險的人。
Kirzner（1973）	創業者識別市場不均衡帶來的機會，從中牟利。
Schumpeter(1962)、Bygrave（1989）	實現新組合過程的人，即識別機會、獲取資源、創建組織和承擔風險的人。
Timmons（1999）	強烈的承諾、堅定的毅力和耐心是創業者的驅動力。

通過梳理有關研究對創業者概念和定義的探討，總結一下有關創業者概念的基本要義。

首先，創業者必須是創建一個新的組合。Schumpeter（1962）將創業定義為實現新的組合，將創業者定義為實現新的組合的人。他認為，創業是通過新的組合來實現的，通過創建新的組織來利用商機，以創造新的價值。新的組合和創建新的組織裡面包括了創建新的企業和在已經建立的企業內開創新事業，即通常說的「第二次創業」。

其次，創業者需要承擔全部或者部分創業所帶來的風險。Schumpeter（1962）的定義給出了區分創業者和管理者的要素，亦即創業者需要對創業結果承擔風險，而企業的管理者承擔的是創業之後的管理上的風險和責任。創業風險是指在利用機會、構建團隊和集合各項資源的過程以及創業的結果上可能的損失和失敗，創業的過程和結果都存在著巨大的不確定性。管理者面對的風險則是新創企業在後續成長和發展中的不確定性。這

兩個特徵也是區別創業者和管理者的關鍵因素。

第三，創業者是這樣的人——他們在創業過程中需要經歷識別機會、構建團隊、獲取和整合資源等環節。國內外學者在對創業者的概念進行界定時，通常會在從事創業工作的人的特徵和行為上進行概括。Timmons（1999）認為創業者具備耐心、堅強的毅力和為了承諾義無反顧的精神。Schumpeter（1962）和Bygrave（1997）對創業者在創業過程的行為進行描述，認為通過識別和利用機會、構建團隊和獲取資源來成立新組織的人是創業者。

在回顧創業者概念的主要觀點的基礎上，本研究將創業者界定為敢於承擔創業風險，識別創業機會後通過組建團隊、獲取資源形成一個新的組合，整合資源形成企業能力的人。從最簡單的意義上說，企業家是創立並經營一個企業的創業者。

2.1.3 創業績效的概念和測量理論

1. 創業績效的概念

現有研究對績效的定義歸納為四類：一是結果；二是行為；三是行為和結果；四是建構的事物（Bemardin，1992；Campbell，1990；Kaplan，et al，1993）。創業績效的測量理論則借用了組織績效的測量理論，其發展經歷了五個階段，其理論來源主要是組織管理和戰略管理中的績效理論。

第一階段以組織目標的實現作為主要的測量標準，其理論依據是目標理論。每個組織都有其自身發展的目標，因此組織績效就以是否實現組織的目標和宗旨作為測量標準（Etzioni，1964）。

第二階段以組織獲取和持有有價值的資源作為主要的測量標準，其理論依據是系統資源理論。組織作為獨立的個體，但是與環境具有不可分割的關係，因此其測量標準應該考慮多方

面的因素，以組織獲取和持有有價值的資源作為主要測量標準（Yuchtman、Seashore，1967）。

第三階段以利益相關者的滿足為主要測量標準，其理論依據是相關利益者理論。組織的目標必須在滿足相關利益者的基礎上才得以實現，因此這個階段將投資者、管理者、客戶、員工、政府、社區等相關利益者的滿意程度作為組織績效的測量標準。

第四階段以組織成員的行為作為績效的主要測量標準，其理論依據是過程理論。過程理論認為績效的評價標準是以行為為依據，其主要觀點是員工行為層面是組織績效的體現（Campbell，1987）。

第五階段是同時將組織目標的實現和相關利益者的滿意程度作為主要測量標準，其理論依據是目標理論和相關利益者理論。這一階段組織績效將同時關注組織目標和個體目標的實現，企圖通過這樣的結合達到組織和相關利益者的共贏，這也是未來組織目標的發展方向（Rogers、Wright，1998）。

2. 本研究對創業績效的測量標準

單純地以組織目標為依據的測量標準受限於組織目標本身的質量，如果目標欠缺科學合理性，則會導致相應測量體系的不足，例如測量標準只關注短期利益、忽視長遠利益等。如以組織獲取和持有有價值的資源作為主要的測量標準，則在測量上存在缺陷，因為有價值的資源不易於界定，這是其一；其二，不少學者認為組織並不需要持有資源，控制和利用資源就能夠發揮資源的優勢。此外，如以相關者利益為測量標準測量創業績效同樣存在不足，因為創業初期生存是基本目標，單純地考慮相關者的滿意程度可能會導致企業在財務上無法持續等問題。如以組織成員的行為作為績效的主要測量標準，則存在難以測量的問題，因為組織成員的行為難以進行準確有效的考核。

故此，如果將組織目標和相關利益者滿意度同時作為測量標準，則能夠優劣互補，兼顧組織的短期目標和長遠發展，雖然也受到組織目標質量等局限，但是相對目前其他測量標準而言，對於初創企業而言較為合適。因此，本研究將同時採用組織目標的實現和相關利益者的滿意程度作為測量標準。

（1）創業績效的維度

單一維度的創業績效測量方法在創業研究領域中已經逐漸被摒棄，因為通過實證研究表明，任何單一維度的創業績效測量都不能反應出創業所面臨的複雜問題，只有多維度的績效測量才能如實反應創業實踐中的真正問題（曹之然、等，2009），即應該結合財務與非財務指標、客觀和主觀的評價方法進行測量（Venkatraman、Ramanujam，1986）。

創業績效維度劃分：創業研究領域中，廣泛使用將創業績效的維度劃分為生存、成長和創新三個維度。首先，對於創業過程中面臨的不確定性和資源匱乏，企業的生存成為創業績效的基本維度。在會計領域，對生存的定義是企業按照現有狀態下可以持續經營。在創業研究中，對生存的測量的關鍵是預期在一段時間內企業能夠繼續經營。其次，對於成長績效維度的測量，一般會結合資產規模增長、獲利增長等的財務指標和市場規模增長、員工規模增長非財務指標進行測量（龔志周，2005）。最後，對於創新維度的測量，一般會將創新支出和創新的產品或服務的數量或份額等非財務指標作為測量指標。

財務與非財務指標：在創業研究領域，經常使用的財務指標主要有效率、成長和利潤三個方面的指標體系。其中效率指標通常使用費用率和週轉率等，利潤指標通常使用淨利潤、銷售利潤率等，成長指標通常使用銷售增長率、資產規模增長率等。但是隨著創業研究的發展，單純地運用財務指標對創業績效進行衡量的弊端不斷暴露。首先財務指標偏向於反應企業的

短期利益，財務指標大多是反應一個時點或者一個會計期間的結果指標，而對於企業發展潛力無法評判。然而對於創業企業，特別是創業初期，財務結果並不能反應出企業的未來發展趨勢。其次財務指標注重的是企業的有形的經濟利益，而對於無形資產則無法體現，比如創業團隊的社會資源、創業團隊的團隊能力。而這些對於創業企業的未來發展又是至關重要的。再次，創業初期因為大量資金和成本投入、市場的初步開拓、資源的相對匱乏，在財務結果上通常不能有很好的表現。這些因素都制約了財務指標對於創業績效的衡量。在創業領域經常使用的非財務指標主要有市場份額、市場開發能力、相關者滿意度、業務創新等。這些非創業指標很大程度上彌補了財務指標在衡量創業績效上的不足。

總之，為了避免單一維度的缺陷，避免單純地使用財務指標或非財務指標的弊端，本研究將採用多維度、財務指標和非財務指標相結合的測量指標體系。

（2）創業績效的評價方法

創業研究領域中創業績效的評價方法也分為主觀測量和客觀測量。其中客觀測量一般用於財務指標的獲得，數據的獲得則依據企業的財務記錄；主觀測量則是通過問卷或者訪談收集到企業創業績效的數據。主觀測量和客觀測量各有利弊，客觀測量獲得的信息的可靠和準確程度相比主觀測量更高，因為主觀測量收到被調查者的回憶和認識的影響較大；客觀測量的領域受較大的限制，因為有些信息缺乏客觀的信息資料。對於部分創業企業來說，財務記錄的缺乏和不完整對於客觀測量來說是不利的。另外，主觀評價法具有較高聚合效度、辨別效度和構思效度（Wall、et al, 2004）。因此在客觀數據難以獲得或者準確性難以保證時，主觀數據比客觀數據更利於測量。

一般而言，對於創業績效的調查，銷售增長率、利潤增長

率、資產規模和利潤總額等指標是通過財務記錄獲得客觀數據的；對於市場份額增長率、員工規模、企業的創新、相關利益者的滿意度等，則需要通過問卷或者訪談的形式進行主觀測量。如果小企業的財務記錄難以獲得或者準確性難以保證，那麼利潤的增長等也可以通過問卷或者訪談來評價相對的高低。考慮到本研究的樣本企業中獲得客觀財務數據的可能性較小，本研究對創業績效的調查，以及財務指標和非財務指標都採用主觀評價法通過問卷獲得數據。

本章 2.2 將對社會網絡關係理論及相關研究進行文獻綜述。

2.2 社會關係網絡理論及相關研究

2.2.1 社會網絡的相關概念

1. 社會網絡的概念

表 2-2　　　　　　社會網絡的不同界定

學者	主要觀點
Nadel、Barnes[①]	社會網絡是跨界、跨組織的成員間的相互關聯。
Aldrich、Zimmer（1986）	社會網絡由提供諸如信息等各種資源的聯繫所組成的，是主體獲取資源、社會支持以便識別與利用機會的結構。
Kilduff、Tsai（2007）	社會網絡是一組行動者及聯結他們之間的各種關係（如友誼、溝通和建議等關係）的集合。
Hakansson（1987）	網絡應該包括三個基本要素，即結點、資源、活動，網絡實際上就是這些結點之間關係的總和。

---

① 該觀點轉引自：張其仔，《社會資本論——社會資本與經濟增長》，社會科學文獻出版社，1999 年版。

表2-2（續）

學者	主要觀點
Mitchell（1969）	社會網絡是「特定的個人之間的一系列獨特的聯繫」。
wellman（1988）	社會網絡是「由某些個體間的社會聯繫所構成的相對穩定的系統」。
袁方（1997）	社會網絡是一組已經或可能（直接或間接）連接的點、這些點的特徵以及它們之間關係的全體。
丁棟虹（1999）	社會網絡體現為「政治資本」。
劉培峰（2003）	社會網絡是「親緣關係和地緣關係」。
黃海雲、陳莉平（2005）	社會網絡是「處於一個共同體內的參與者（包括個人、組織）在分享和交換各種資源及信息的過程中形成的各種關係的集合；它不僅是一種關係網絡，而且還是企業獲得資源的重要途徑」。
張玲（2008）	社會網絡的直觀概念就是點和線的關係，點代表行為者，線代表行為者之間的聯繫或者關係，點和線兩個基本元素就構成網絡，其中的行為者可以是個人或者是組織。
朱亞麗（2009）	社會網絡是社會行動者（包括個體、團體或組織）及其行動者之間存在的直接或間接關係所組成的集合；社會網絡的存在既能為個體行動者帶來資源，也會對其行為產生約束。

資料來源：轉引自朱亞麗（2009），張君立（2008），張玲（2008），Nadel、Barnes（1954），黎賠肆（2008）。

　　根據以上學者對社會網絡概念的界定，我們可以總結歸納出社會網絡的基本特徵：社會網絡代表社會行動者之間的各種聯繫；社會網絡集合了各種信息和資源；社會網絡具有結構特性。本研究將社會網絡定義為由社會行動者之間的各種關係構成的能夠為行動者帶來信息和資源的結構系統。

2. 整體網絡和自我中心網絡

社會網絡中的行動者可以是個人、團隊、組織和企業等。根據行動者的層次不同，社會網絡分析方法分為整體網絡分析（global - network）和自我中心網絡分析（ego - network）。整體網絡分析旨在探討團隊、群體、組織和社區等有邊界的群體之行為對整個組織的影響。在創業研究領域，整體網絡分析主要是研究創業團隊的社會網絡或創業企業社會網絡對創業過程的影響。以個體為中心所聯結的所有人構成的網絡是以自我為中心的網絡；自我中心網絡分析方法則是以某一成員為點，研究他與其他個體的關係（Brogatti、Foster，2003）。在創業研究領域中，自我中心網絡的研究重心在「自我」的外部連帶關係對個體創業行為的影響。創業網絡分為企業家個人網絡和企業的商業網絡。企業家個人網絡是指創業前和創業過程中的網絡，包括企業家與同行、律師、金融界人士、政府官員等的聯繫，也包括企業家與親人、朋友等的聯繫；企業的商業網絡是指創業企業與供應商、客戶企業、競爭者、政府部員等的聯繫（Butler、et al，2003）。企業家個人網絡是自我中心網絡，企業的商業網絡則是整體網絡。

本研究以自我中心網絡作為社會網絡分析的對象，研究創業者個人的自我中心網絡對創業行為的影響，進而對創業績效的影響。創業者個人的社會網絡具體包括創業者與同行、律師、客戶、銀行家、政府官員、親人、朋友等的關係。

2.2.2 社會網絡的核心理論

國外社會網絡研究的代表性理論主要有：Granovetter 的「嵌入型」理論和弱關係力量理論，Bourdieu、Coleman、林南為代表的社會資本理論，Burt 提出的結構洞理論，邊燕杰提出的

強關係理論，費孝通提出的差序格局理論。①

1.「嵌入型」理論和弱關係力量理論

對於社會網絡，Granovetter 提出了兩個重要的觀點：「嵌入型」理論和弱關係力量理論。「嵌入性」理論提出，任何行為都是動態地嵌入在某個特定的網絡結構之中的（Granovetter, 1973）。這一理論使得行為研究打破傳統的原子論觀點，將社會人的行為置於網絡中進行探討。Granovetter（1973）首次提出了關係強度的概念，並將關係分為強、弱兩種類型。強、弱關係在人與人、組織與組織、個體和社會系統之間發揮著根本不同的作用。一般而言，強關係維繫著群體、組織內部的關係，是內部性紐帶，而弱關係則使人們在群體或組織之間建立了紐帶聯繫。他用四個指標來測量關係的強弱：一是互動的時間及頻率，花費時間長和互動的次數多則為強關係，反之則為弱關係；二是情感強度，情感較強、較深為強關係，反之則為弱關係；三是熟識或相互信任的程度，程度高為強關係，反之則為弱關係；四是互惠交換的程度，互惠交換多而廣為強關係，反之則為弱關係。在此基礎上，他提出了「弱關係充當信息橋」的判斷。

Granovetter 認為，強關係是在性別、年齡、教育程度、職業身分、收入水準等社會經濟特徵相似的個體之間發展起來的，而弱關係則是在社會經濟特徵不同的個體之間發展起來的。因此，通過強關係獲得的信息往往是雷同的、重複的、冗餘的，相對有價值的信息也就較少；而弱關係主要是在兩個不同的群體中建立起了信息橋，所獲得的信息異質性高、重複性更小。由於弱關係的分佈範圍較廣，它比強關係更能跨越其社會階級

---

① 對社會網絡核心理論的整理，部分引用了《社會關係網絡轉型與家族企業成長研究》對國內外社會網絡理論的梳理成果。

界限去獲得信息和其他資源，它可以將其他階級的信息帶給不屬於這個階級的某些個體。他的這些結論在其波士頓城有關求職的經典調查中得到了驗證，即個體在求職的過程中，弱關係能夠提供更多異質性信息，有助於個體成功求職，而強關係反而不能提供有效的幫助，原因在於強關係個體所掌握的信息很可能求職者早已獲得。

Granovetter 有關「弱關係強度」（the strength of weak ties）的命題，雖得到其他學者大量的經驗驗證，但也產生了一些支持強關係假設的例證或對弱關係假設具有證偽效應的研究成果。比如渡邊深（Shin Watanabe, 1991）的東京調查和 Marsden 等（1988）對底特律調查資料的再分析也發現了強關係在社會流動中的重要作用。

2. 社會資本理論

社會資本理論是 20 世紀 80 年代以來從社會學中演化出來的最有影響和最具潛質的理論概念之一，目前已被廣泛應用於社會學、經濟學、管理學、教育學等多個領域的分析。由於其將關係網絡、階層身分、制度文化因素和價值判斷等納入了分析框架之中，使得許多未曾被考慮但事實上產生實質性影響的因素進入了人們的視野，極大拓展了相關領域的研究範圍。

當代對於社會資本概念的第一個系統表述是由法國社會學家 Bourdieu 提出的。在其 1986 年所著的《社會資本的形式》（The Forms of Social Capital）一文中，他指出：「社會資本是現實或潛在的資源集合體，這些資源與擁有或多或少制度化的共同熟識和認可的關係網絡有關，換言之，與一個群體中的成員身分有關。它從集體擁有的（資源）之角度為每個成員提供支持，在這個詞彙的多種意義上，它是為其成員提供獲得信用的『信任狀』」。可見，Bourdieu 的概念認為社會資本本質上是工具性的。他的定義表明，社會資本由兩部分構成：一是社會關係

本身，它使個人可以攝取被群體擁有的資源；二是這些資源的數量和質量（Portes, 1998）。Bourdieu的分析重點在於強調經濟資本、文化資本、社會資本及其符號資本之間的相互轉化，而其主要局限也正在於此，「在最終分析中，把每一類型的資本（當然也包括社會資本）都約化為經濟資本，忽略了其他類型資本的獨特效用」（Bourdieu, 1986；張文宏，2006）。

林南（Nan Lin, 1982、1986、1990、1999）對社會資本概念的表述、測量指標和理論模型的構建等均作出了卓越貢獻。他通過對社會網絡的研究提出社會資源理論，並在此基礎上提出了社會資本理論。林南首先提出了社會資源理論。所謂資源在林南看來，就是「在一個社會或群體中，經過某些程序而被群體認為是有價值的東西，這些東西的佔有會增加佔有者的生存機遇」。他把資源分為個人資源和社會資源。個人資源指個人擁有的財富、器具、自然稟賦、體魄、知識、地位等可以為個人支配的資源；社會資源指那些嵌入於個人社會關係網絡中的資源，如權力、財富、聲望等，這種資源存在於人與人之間的關係之中，必須與他人發生交往才能獲得。社會資源的利用是個人實現其目標的有效途徑，個人資源又在很大程度上影響著他所能獲得的社會資源。在社會資源理論的基礎上林南又提出了社會資本理論。社會資源僅僅與社會網絡相聯繫，而社會資本是從社會網絡中動員了的社會資源。林南認為社會資本是「投資在社會關係中並希望在市場上得到回報的一種資源，是一種鑲嵌在社會結構之中並且可以通過有目的的行動來獲得或流動的資源」。林南定義社會資本時強調了社會資本的先在性，它存在於一定的社會結構之中，人們必須遵循其中的規則才能獲得行動所需的社會資本，同時該定義也說明了人的行動的能動性，人通過有目的的行動可以獲得社會資本。

在社會資本研究領域中，還有一位重量級人物便是 Coleman。Coleman（1990）認為：「社會資本可以由其功能來定義。它不是一個單獨的實體，而是由多種具有以下兩個共同特徵的實體所組成：其一，它們是由社會結構的某些方面所組成；其二，它們促進了處於該結構之中的個人的特定行動——當人們之間的聯繫發生了有利於行動的變化時，社會資本就產生了」。由上述定義我們可以作出如下的解釋：社會資本首先是社會結構中的「某些方面」，是有助於「特定行動」的社會關係。其次，它是被作為一種社會關係或是關係的社會結構而被創造出來的。最後，它產生了行動，而這些行動可以帶來資源。

Alejandro Portes（1995）對社會資本提出了精致和全面的表述。在他看來，社會資本是「個人通過他們的成員身分在網絡中或在更寬泛的社會結構中獲取稀缺資源的能力。獲取能力不是個人固有的，而是個人與他人關係中包含著的一種資產。社會資本是嵌入的結果」。

Robert D. Putnam（1993）指出，與物質資本和人力資本相比，社會資本指的是社會組織的特徵，例如信任、規範和網絡，它們能夠通過推動協調和行動來提高社會效率。社會資本提高了投資於物質資本和人力資本的收益。簡言之，社會資本由能夠提高組織效率的信任、規範和社會網絡構成。

可以看出，學者們大都是從社會關係這個角度來進行定義的，他們各自強調了社會資本的一種或幾種形式，但無論其形式如何，都包含了定義社會資本的四個關鍵詞，即「社會網絡」、「信任」、「合作」和「規範」，並且都強調社會資本對於參與者的收益性和重要意義。

儘管社會資本作為一個分析概念和理論模型被越來越多的學者及學科領域所運用，並且在理論構建和經驗研究方面取得了大量的成果，但本身也存在「雙刃劍」效應，也存在一些缺陷。張文宏（2006）對此作了總結，他指出了三個缺陷：一是

學界對社會資本的消極功能甚至反功能鮮有論及；二是社會資本理論是另一種形式的理性選擇理論，因而忽視了人類行動的非預期後果、非理性後果、無理性後果的存在；三是來自不同傳統的社會資本理論的修正主義者冒著試圖用很少的理論解釋太多現象的危險，從而使社會資本的術語和理論有可能流於時髦，而不能成為一個嚴肅的知識事業和學術領域。

其中第三個缺點尤值得注意，目前學界似乎出現「社會資本泛化現象」，即物質資本和人力資本之外的一切東西都被社會學家概述為「社會資本」，從而擴大了其內涵和外延，使社會資本成為解釋或解決一切社會問題的靈丹妙藥（Portes，1998）。這種傾向是危險的，很可能使社會資本這個概念失去科學意義，因為它很可能滿足不了理論研究所需效度和信度之最低要求。解決該問題的基本路徑就是從理清社會資本的測量方法入手，即只有通過一定概念化和操作化的方式，把要研究的社會資本轉化成一系列可度量的概念和指標，經由這些指標來界定社會資本的內涵和外延，才可能對該對象進行實證的分析研究。

相比較而言，社會網絡理論，由於其有一套較為成熟且系統的分析方法，則避開了上述理論泛化的問題。社會資本理論為社會網絡研究提供了理論支持。可以說，任何一個有關社會資本的定義中，都存在著社會網絡的影子；可以說，社會網絡是社會資本發揮其功能的載體，是社會資本這一抽象概念的具體承載體，二者須臾不可分離，是一個硬幣的兩面。

3. 結構洞理論

Burt（1992）在其所著的《Structural Holes: The Social Structure of Competition》一書中首次明確了「結構洞」（Structural holes）的概念及其理論，繼續拓展了弱關係理論，也進一步地拓展了社會資本的內涵。他認為，在競爭環境下的所有行為者之間存在聯繫薄弱甚至是聯繫中斷的環節，使得整個社會網絡

結構在整體上看就像一個個洞穴，Burt 將其稱之為「結構洞」。從普通意義上而言，結構洞是社會關係網絡間接聯繫擁有互補的信息或資源的個體之間存在的空位。如果社會網絡中的某個成員在網絡結構洞上起著「橋」的作用，那麼他就能獲得經濟利益：一是能夠對結構洞周圍的成員施加影響；二是如果結構洞周圍的網絡成員的信息異質性高，那麼他能獲得低冗餘性的信息，相當於獲得了更多高異質性的信息資源（Burt, 1992）。

Burt 的結構洞理論是對弱關係理論的一個拓展和突破，弱關係理論強調的是關係的力量大小或關係的強弱程度，結構洞理論是以社會結構的位置關係來說明間接關係或者沒有關係但是占據節點位置的行為者更具有信息優勢。結構洞在經濟社會網絡中發揮作用有兩種基本的方式，第一是信息獲取，第二是信息控制。從信息優勢的角度，處在結點位置的行為者，因為發揮了橋的作用，能夠獲取更多的信息資源；此外，處在結點位置上的行為者，通過結構洞的優勢，加速了信息資源的獲取和更新。在信息快速更新的時代，這樣的位置更具有信息優勢（宇紅，2005）。從資源控制的角度，一個經典的例子就是處於結點位置的行為者利用橋兩邊的行為者互不聯繫的信息缺失來抬高或壓低價格，結點位置的行為者由此獲得了控制者利益。信息獲取和信息控制的優勢使得處於社會網絡結點位置上的行為者能夠利用自己的信息優勢，通過社會網絡獲取社會資源，構建、累積為社會資本，最終獲取利益。

結構洞理論對於社會網絡和社會資本的研究都是至關重要的。關於結構洞的測量，目前研究中使用較多的是 Burt 的理論。同時還有一些替代性的測量方法，例如使用社會網絡的網絡密度作為測量指標。但是運用結構洞概念在衡量上存在一定的局限性，結構洞所需要的跨關係的數據難以收集。

4. 強關係力量

卡爾·波蘭尼與 Granovetter 的「嵌入性」概念認為人們的經濟行為基於社會網絡的信任機制而進行，並且信任嵌入社會網絡機構中。出於信任的建立與維護有賴於網絡個體間長期的交往、交流與接觸，「嵌入性」概念在某種程度上是在支持強關係理論。Granovetter 指出，在網絡關係中，強聯繫具有重要的作用。尤其在組織間關係支撐的商業行為中，如處於不安全位置的組織或個人，可以借助發展強聯繫而取得聯繫方的保護，以降低所處環境的不確定性。同樣，Gulati（1995）也認為強聯繫更具優勢，因為行為主體雙方交往次數增加時，會產生親密（familiaritx），進而有利於導致雙方的相互信任，容易產生更有力的相互支持。類似的，Kackhardt（1998）認為當一個組織具有跨組織界線的長期的友誼（強聯繫）時，這種友誼將幫助組織應對環境的變化和各種不確定性的衝擊，因此強聯繫有利於組織處理遇到的一些危機。另外，一些複雜知識的流動或轉移往往體現出「鄰近效應」和「黏滯效應」等。特別在那些必須通過面對面、頻繁的交流才能共享知識的領域，上述效應尤為明顯，也是在這些領域，強關係有助於信息和知識傳遞效率的提高（Lundvall, 1992；Saxenian, 1994）。Granovetter（1973）將其總結為，強聯繫的優勢在於能夠促進信任與合作，進而有利於組織或個人獲取更多精煉的（fine-grained）、高質量的信息和緘默知識（taeit knowledge）。

此外，邊燕杰等人的強關係力量假設對 Granovetter 的弱關係力量假設和林南的社會資源理論提出了挑戰。邊燕杰指出，在中國計劃經濟的工作分配體制下，個人社會關係網絡主要用於獲得分配決策人的信息和影響而不是用來收集就業信息。因為求職者即使獲得了信息，若沒有關係強的決策人施加影響，也有可能得不到理想的工作。在工作分配的關鍵環節，人情關

係的強弱差異十分明顯。但是對於大多數人來說，他們不可能和主管分配的決策人建立直接的強關係，必須通過中間人建立關係，而中間人與求職者和最終幫忙者雙方必然都是強關係。反之，如果中間人與雙方的關係弱時，中間人和最終幫忙者未必提供最大限度的幫忙。因此，強關係而非弱關係可以充當沒有聯繫的個人之間的網絡橋樑。他的主要貢獻是在分析中國的工作分配制度時，區分了在求職過程中通過社會關係網絡流動的是信息還是影響，求職者使用直接還是間接關係來獲得信任和影響（Bian，1997a、1997b）。

5. 差序格局理論①

在1947年出版的《鄉土中國》一書中，費孝通先生對傳統中國社會中的社會結構和人際關係作了理論上的概括，提出了著名的「差序格局」的概念。「差序格局」這一概念十分契合中國社會人際關係的本質，與中國傳統社會的基本特徵相適應，與西方社會「團體格局」（獨立的個體之間的交往）的社會結構和人際關係相區別。費先生認為，「在差序格局中，社會關係是逐漸從一個一個人推出去的，是私人聯繫的增加，社會範圍是一根根私人聯繫所構成的網絡。」這一社會關係的網絡是以親屬關係為基礎而形成的，親屬關係是「根據生育和婚姻事實所發生的社會關係，從生育與婚姻所結成的網絡，可以一直推出去包括無窮的人，過去的、現在的和未來的人物」，「這個網絡像個蜘蛛的網，有一個中心，就是自己」。「我們社會中最重要的親屬關係就是這種丟石頭形成同心圓波紋的性質。」這波紋「一圈圈推出去，愈推愈遠，也愈推愈薄。」這樣的「從自己推出去的和自己發生社會關係的那一群人裡所發生的一輪輪波紋

---

① 本部分引用了盧保姊《淺析〈鄉土中國〉中的「差序格局」》中的觀點。

的差序，就是『倫』（人倫）。」

「差序格局」這個概念揭示了中國社會的人際關係是以己為中心，逐漸向外推移的，表明了自己和他人關係的親疏遠近。那麼，能夠造成和推動這種波紋的石頭是什麼呢？費孝通先生明確的講到是以家庭為核心的血緣關係，而血緣關係的投影又形成地緣關係。血緣關係和地緣關係是不可分離的。也就是說，中國傳統社會的人際關係以血緣關係和地緣關係為基礎，形成「差序格局」。這種「差序格局」模式，承載著中國傳統社會人際關係的特點，它是「以己為中心」來構築人際關係網絡的。儒家倫理是調整傳統社會人際關係的行為規範，傳統社會的稀缺資源配置模式，則是以血緣和地緣關係為特徵的傳統社會人際關係賴以存在的基礎和社會根源。

2.2.3　社會網絡結構維度與關係強度

這裡我從研究內容和研究思路兩個角度對社會網絡研究進行梳理。

1. 內容角度

Hoang 和 Antond（2003）將社會網絡的研究劃分為三個方面：一是社會網絡的關係內容；二是社會網絡的治理機制；三是社會網絡的結構特徵。社會網絡的關係內容是指社網絡成員共享和傳遞的內容，包括各種信息、有形和無形的資源、情感支持等（Smeltze，1991；Starr、MacMillan，1990）；社會網絡的治理機制是指網絡成員之間支持和協調的機制，分為依賴於權力的正式機制和依靠信任的非正式治理機制（Kautonen、Welter，2003）。社會網絡結構是指網絡成員相互連接的結構模式（Nahapiet、Ghoshal，1998）。網絡結構研究主要探討：①網絡結構從個體與其他個體的關係（諸如親屬、朋友或熟人等）來研究個體在社會網絡中的位置；②網絡結構探討個體在其社會網

絡中所處的位置差異對資源獲取的影響。不少研究對社會網絡結構的探討通常用網絡規模、網絡密度、關係強度、結構洞等維度衡量。下面對這些維度作簡要介紹。

（1）網絡規模。網絡規模是最直接地衡量社會網絡結構的維度。在自我中心網絡研究方法中，網絡規模是指與社會網絡的某一成員直接聯繫的其他成員數量。在創業領域，網絡規模越大，則越有可能使得創業者具有更廣泛的社會接觸，能夠為創業者帶來兩方面的優勢：一是為創業者提供了獲取資源的渠道；二是為創業者提供了獲取異質性更高的資源的可能性（耿新，2008）。

（2）網絡密度。整體網絡的網絡密度是有邊界的網絡密度，更易於測量。對於創業者自我中心網絡，網絡密度一般是指某一個體的直接聯繫數量和網絡中所有可能聯繫的數量的比值，以衡量創業者與網絡中成員的接近程度和控制資源的能力（Scott，2000）。從結構洞能夠降低信息的冗餘性的角度分析，創業者社會網絡的密度低，可能存在的結構洞就越多，創業者更可能獲取新的資源（Greve，1995），並且這個低冗餘度的信息會激發對外學習（Burt，1992）。低密度的網絡還能將低冗餘度的信息帶給創業者，以使其取得在機會、團隊等寬泛的資源獲取上的優勢；此外，寬跨度的信息能激發更強的對外學習能力，這對於創業資源的合理配置及整合也是至關重要（McEvily、Zaheer，1999）。

（3）中心性。中心性是社會網絡分析的重點之一。個人或組織在其社會網絡中具有怎樣的權力，或者說居於怎樣的中心地位，這一思想是社會網絡分析者最早探討的內容之一。個體的中心度（centrality）測量個體處於網絡中心的程度，反應了該點在網絡中的重要性程度。因此一個網絡中有多少個行動者/節點，就有多少個個體的中心度。除了計算網絡中個體的中

心度外，還可以計算整個網絡的集中趨勢（可簡稱為中心勢，centralization）。

（4）結構洞。結構洞是兩點之間聯繫的存在空缺。在 ABC 三個個體的網絡中，如果 A 與 C 有聯繫，B 與 C 有聯繫，A 與 B 之間沒有聯繫，A 與 B 之間就存在一個聯繫空缺，即結構洞。這個結構洞位置提升了 C 在獲取信息和控制信息上的優勢（Burt，1992）。在結構洞操作性測量上，由於社會網絡中的個體數量大，難以統計，所以利用理論概念計算結構洞的數量難以計算。因此現有研究運用網絡密度、網絡異質性等指標替代結構洞取得不少經驗研究成果。

（5）關係強度。關係強度是指社會網絡成員關係的強弱程度。目前學界研究社會網絡的關係強度一般以 Granovetter 的弱關係理論中對關係強度的衡量概念為依據，即用互動頻率、密切程度、情感程度、互惠交換這四個指標來衡量。後期也有學者將社會網絡異質性作為關係程度的替代指標（Hoang、Antonic，2003）。因為根據平衡理論和社會比較理論，社會網絡成員有「物以類聚」的傾向，即特徵相似的人會聚攏在一起（Kilduff、Tsai，2007）。Granovetter 認為強連帶關係一般發生在相似的個體之間，而弱連帶一般將不相似的個體連接起來。在創業領域，社會網絡高異質性能夠帶來兩方面的優勢：一是減少信息的冗餘；二是社會資源的廣泛性（耿新，2008）。這兩方面優勢與 Granovetter 的弱連帶力量理論的觀點是一致的。

2. 研究思路角度

Granovetter 將社會網絡分析分為結構主義視角和關係主義視角[1]。Granovetter 認為結構主義視角關注行動者的位置取向，強

---

[1] 結構主義研究和關係主義研究的觀點引用了朱亞麗的博士論文《基於社會網絡視角的企業間知識轉移影響因素實證研究》中的論述。

調從兩個以上的行動者之間的模塊化（patteming）關係所折射出的社會結構，來理解行動者的行為，並對網絡的相關作用進行探討，這是一個相對靜止的視角。通常用網絡規模、網絡密度、中心性、結構洞等結構性維度來衡量它們對於社會網絡中行動者的數量和位置的測量維度。

而關係主義視角主要關注行動者之間的社會性粘著關係，研究者通過社會聯結本身（social connectivity）譬如聯結強度等來說明特定的行為和過程。相對而言，這是一個動態的視角。通常用關係強度等維度來衡量，它是測量行動者之間聯繫力量的大小維度。關係聯結的強弱程度需要通過「某一聯結上的互動頻率、密切程度、情感程度、互惠交換等方面」進行綜合評價，並不是成員之間位置距離遠近的網絡結構概念。

應該說，社會網絡研究的相關分析工具業已成熟，但相當龐雜。對創業者社會網絡進行全面系統分析固然是最佳選擇，然而本研究無法承受這樣龐大的工作，而且似乎也無此必要。那麼如何既能使研究相對去繁就簡又能抓到研究問題之本質呢？這是筆者一直思考的問題。正如前面所述以及下面要進一步論述的那樣，關係主義視角即關係強度這一維度是符合本研究的一理想選擇。

2.2.4　華人社會中的特殊信任與強關係[①]

作為社會關係的重要構成，下面從信任理論視角論證強關係在中國創業中的關鍵性作用。

---

① 本節觀點主要來自羅家德的《特殊信任與一般信任——中國組織的社會網分析》，刊在《社會資本與管理學》，郭毅、羅家德主編，華東理工大學出版社 2007 年版。

1. 普遍信任與特殊信任

信任受到組織學者的注意起源於上世紀初期。對信任的定義有很多種。本研究採用羅家德（2006）定義，認為信任有兩層意義：①信任是一種預期的意念，即交易夥伴對我們而言，是值得信賴的預期，是因為期待對方表現出可靠性或善良意圖而反應出的一種心理情境；②信任是自己所表現出的行為傾向或實際行為，來展現自己的利益是依靠在交易夥伴的未來行為表現上。總之，信任是一種相互的行為，一方表現出值得信賴的特質，而一方則表現出信任他的意圖。

信任依其信任對象的不同，分為普遍（一般）信任（general trust）和特殊信任（particularistic trust）（Luo，2005）。一種信任是沒有特定對象的，另一種信任則只存在於特定的對象間；前者可以稱之為普遍信任，後者則可以稱之為特殊信任。前者的來源是制度（包括正式制度和非正式制度①）、一群人之間的認同、己方或對方的人格特質，因為信任的對象是制度規範下的一群人，或相互認同的一群人，或展現可信賴特質的一群人，是一群人而非單一特定的對象，所以稱為普遍信任。相反地，特殊信任則必然存在於兩兩關係（dyads）（即對偶關係）中，是兩人互動過程的結果。廣義的特殊信任可以是權力關係、保證關係，也可以是基於情感關係與交換關係；而狹義的，也就是真實信任，則止於來自情感與交換的信任。

2. 特殊信任才是華人最主要的信任模式

費孝通說華人是差序格局（1948）。差序格局是一種因關係親疏遠近不同而有差別待遇的行為模式。團體格局說明的是西

---

① 非正式制度，往往指涉的是風俗（folks）、規範（norms）以及專業倫理（professional ethics）。在社會化的過程中，非正式制度令規範下的一群人產生一定的行為準則，使得受同一規範約束的交易雙方對對方行為可以預期。

方人因社會類屬不同而有不同的行為模式，而差序格局則強調的是華人以自我為中心建立自己的人脈網絡。因為網絡的內圈外圈、圈內圈外的關係不同，而以不同的行為方式加以對待，所以說華人社會是一個「關係社會」或「人情社會」；正是因為我們的信任主要建立在關係上，關係遠近不同信任程度不同，華人的信任較少建立在普遍性的法則上，因此特殊信任才是華人最主要的信任模式。

3. 特殊信任與強關係

信任是社會關係的重要構成。社會網絡理論與信任研究有不解之緣，然而，大部分的研究聚焦於關係層面，或者研究何種社會關係有助於互相的信任，比如通過交換關係、強關係、互相認同等。社會網絡理論的興起帶動了對偶關係信任的研究。哪些關係會帶來哪些信任，如何帶來信任，成為研究的主題（Luo，2005）。

自 Granovetter（1973）劃分開強、弱關係之後，強關係即被認為是產生信任的主要關係來源。在關係強度的分野中，高頻率的互動、長時間的認識，親密的談話行為以及情感性的互惠內容是強關係的特徵。親密與情感是強關係的標誌，情感的依賴使人們感性地表達善意，更不願欺騙別人情感的依賴，因此減低了機會主義的可能性，而使雙方保持善意的互動，增加相互信任。

類似的觀察也存在於交易行為之中，Uzzi（1996、1997）稱企業間交易的強關係為嵌入關係（embeddedness ties），是一種具有信任基礎的長期生意夥伴關係；而一般的交易關係則是一臂之外關係（arm－length ties），是不具情感色彩，也無信任基礎，是照著合約完成交易後就各散東西的交易關係。

同樣的觀察也發生在層級內交易中。Krackhardt（1992）在「強關係優勢」理論中，分組織內網絡為情感、情報與諮詢三

種，其中情感網絡為「philos」——希臘文的好朋友——並認為這種網絡所蘊涵的資源就是信任，以及由信任而來的影響力。因此一個情感中心性高的人能得到多數人的信任，而發揮影響力，如果離職會引發別人也離職。而如果公司發生危機，他的影響力則可以幫助解決危機。更進一步，Krackhardt 和 Hanson（1993）在區分企業內網絡時，直接就將其分成信任、情報與諮詢三級。情感網絡已直接被等同於信任網絡。這些理論都指出了以情感為基礎的發展信任的最主要關係。

2.3 機會識別相關研究

2.3.1 創業機會的概念和來源

1. 創業機會的概念

創業機會一直在創業活動中起著非常重要的作用。Stevenson（1990）等認為創業是「在不拘泥於當前資源條件限制下的對機會的捕捉和利用」。Timmons 提出創業機會感知、創業團隊構建和資源獲取是創業過程的核心要素，創業機會感知在於識別能為市場創造新價值的產品或服務，後兩者在於提供創業成功的多元能力組合。

國內外研究對於創業機會的定義有多種，其中比較有代表性的有以下兩種：一是從創業機會是創業過程的構成要素的角度上定義。創業機會是指開創新事業的可能性，也就是一個人可以經由重新組合新資源來創造一個新的方法—目的（means－ends）的架構，並相信能由此獲得利潤之情形（Shane，2003）。創業機會是對資源進行獨特地配置和整合，從而滿足市場需要，創造新的價值的可能性（Schumpeter，1934）。

在創業過程要素角度下，創業機會是創業過程中的一個關鍵要素，是一種能夠促使創業者用獨特的方式整合資源、創造價值的機會。

二是從創業機會來源的角度定義創業機會。創業機會是市場不完全的表現（Kirzner, 1979），滿足市場上尚未滿足的有效需要（鄧學軍、夏宏勝，2005）。Ardichvilid 等（2003）認為從獲取預期消費者的角度分析，創業機會意味著創業者尋找到了市場的潛在價值。創業機會來源角度下，創業機會是創業者發現市場上有尚未滿足的需求或者市場信息不對稱下的獲利機會。

2. 創業機會的來源

關於創業機會來源的研究，Shane（2000）整理了三種不同的理論觀點，包括了近古典均衡理論（neoclassical equilibrium theories）、心理學理論（psychological theories）及奧地利理論（austrian theories）。

（1）近古典均衡理論認為在市場上所有的機會都是公開且公平的，假設每個人都可以認知到所有的創業機會，且個人特質是決定個人能否成為創業家的關鍵原因。因此個人成為創業家是因為獨特的創業精神與偏好，例如對於不確定性的愛好。

（2）心理學理論則是著眼於創業家個人的特質，假設決定個人成為創業家的原因是個人特質，而其中個人的意願及能力則是促使發生創業過程的誘因，例如對於成就需求的高低、對風險的忍受度、內外控程度、對模糊的容忍度等，因此機會的發現取決於個人對於創業的意願與能力。

（3）奧地利學派理論觀點則認為均衡理論有缺陷，因為在現實生活中信息是不對稱的，市場是由掌握不同信息的參與者所組成的。該理論假設人們不能認知到所有的機會，決定個人成為創業家的原因是不同人對掌握有關機會的信息不同，不同的信息會導致人們看到不同的創業價值。是否創業的主要動因

應是創業家所有擁有先驗知識多寡，以及機會可被利用的程度等，而非心理學理論所提及的人們的意願和能力。

通過對以上創業機會來源理論的回顧，本研究發現環境差異和創業者個人特質（先驗知識、創業警覺性和個人偏好等）都是影響創業者獲取機會。

德魯克（Drucker）指出，「能使現有資源的財富生產潛力發生改變的任何事物都足以構成創新」。他進一步指出，創新機會有七個來源，其中前四個機會來自企業的內部，後面三個創新機會來自企業或產業以外的變化：①出乎意料的情況——意外成功、意外失敗、意外的外部事件；②不一致——實際狀況與預期狀況之間的不一致或者與原本應該的狀況不一致；③以程序需要為基礎的創新；④產業結構和市場結構的改變，出其不意地降臨到每個人身上；⑤人口統計特性的變化；⑥認知、情緒和意義的改變；⑦科學及非科學的新知識。創業是創新的一種實現形式。以上創新機會的七個來源同樣可作為創業機會的來源（鄧學軍、夏宏勝，2005）。

Timmons（1999）認為創業機會主要是來自改變、混亂或是不連續的狀況，主要有七個來源：法規的改變；技術的快速變革；價值鏈重組；技術創新；現有管理者或投資者管理不善；戰略型企業家；市場領先者短視，忽視下一波客戶需要等。

陳震紅等（2004）從來源角度將創業機會分為技術機會、市場機會和政策機會三類：技術機會是技術變化帶來的創業機會；市場機會是市場變化產生的創業機會；政策機會是政府政策變化所賜予創業者的商業機會。這三類變化中的一個或幾個同時發生，將產生不同的創業機會。劉合強（2008）指出創業機會來源於以下五個方面：①顧客需求沒有得到滿足的問題；②不斷變化的市場環境；③不斷產生的創造發明；④競爭中的機會；⑤新知識、新技術的產生。

應該說，中國改革開放以來至今一直處於經濟轉型時期，中國轉型經濟的特點是傳統的計劃經濟體制與期望建立的市場為導向的經濟體制之間存在著很小的兼容性。在轉型期間，企業所面臨的政府政策環境以及社會環境都具有很大的不確定性，這在為企業的發展帶來了挑戰的同時也帶來了機會。依拙見，有以下幾個方面：①中國是一個非常巨大的市場，存在著很大的尚未發掘的需求空間；②國家政策的不斷放寬和靈活性的不斷增強導致機會的增加；③全球經濟一體化引起的市場的擴大而帶來越來越多的機會；④新知識、新技術的不斷出現，技術更新的速度越來越快；⑤人們消費觀念和消費習慣的轉換和改變將帶來大量新興行業的出現和發展等。

2.3.2 創業機會識別的內在機制

創業機會的識別是創業過程中的第一步，是創業活動決定性的因素。創業機會的識別有兩個主要觀點：一是創業機會識別是一個多階段的過程，機會識別的四個階段是預備設想、機會觀察、機會闡述和作出決策（Long、McMullan，1984）；二是創業機會識別是創業者認知過程的結果，創業機會必須依賴於創業者根據以往的生活經歷所形成的認知結構模式，通過認知結構模式將信息儲存和外界的事務和活動聯繫起來，才能形成創業者對機會的認識（Baorn，2006）。上述觀點從不同的角度闡釋了創業機會識別的特徵，據此，創業機會識別的研究有兩種思路：一是創業機會識別的過程研究；二是創業機會識別的影響機制研究。下面分別予以介紹。

創業機會識別過程理論研究涵蓋了創業機會的創造、創業機會的開發與捕捉、創業機會評價等概念。創業機會識別是機會形成的重要階段，銜接了機會搜索和機會評價（Craig、Lindsay，2001）。一般而言，創業機會識別的過程分為三個階段：機

會開發、機會感知、機會評價。機會開發是指將一個發現的創意發展成為一個完整的商業計劃模式的過程；機會感知是指察覺未滿足的市場需求和未被充分利用的資源、識別需求和資源之間的關係、建立起需求和資源間的匹配關係並形成商業模式；機會評價是指利用可獲取的資源進行商業模式的可行性分析（李仁蘇、蔡根女，2007）。

在劃分了創業機會識別的過程的基礎上，學者們開始探討創業機會識別的影響機制，即通過深入研究創業機會識別的影響因素，分析創業者如何識別創業機會，從而構建創業機會識別模型。國外學者從環境因素和個人因素兩個方面研究創業者是否成功識別創業機會的影響因素。其中環境因素是指在一定的社會經濟發展條件下，生產技術的更新以及市場需求的變化帶來一些未滿足的需求等，它們是創業機會的源泉，顯然不同地區、不同行業之間肯定存在差異（Kirzner，1973）。這是奧地利經濟學派秉持的觀點，該學派強調的信息資源對於機會識別的重要性。而個人因素是指企業家精神、創業者的警覺性和先驗知識等構成了創業者機會識別能力的差異，這是認知學派所持之觀點，該學派強調創業者個人特質對機會識別的重要性。很顯然，把奧地利經濟學派的觀點與認知學派的觀點進行結合是對創業機會識別新的認識（Gaglin，1997），即在面對新的生產技術或者未滿足的市場需求，創業者個人特徵的差異造成了創業者是否成功識別機會的差異。

在市場經濟條件下，從個人因素的角度探討創業者機會識別的影響機制，應該說更能抓到問題的本質。認知理論認為創業者先驗知識下的信息儲存和認知模式、創業警覺性下的敏感性態度等因素決定創業者對創業機會的察覺和認識，故此，下面將分析創業者警覺性和先驗知識在機會識別影響機制中的作用。

1. 創業者先驗知識（prior knowledge）

（1）先驗知識的內涵

創業者在過去的時間裡所累積的知識對他們識別、從事和利用創業機會的過程有重要的影響（Heyek，1945）。先驗知識是指創業者特殊的經歷，包括職業經驗、創業經歷、社會交往經歷和生活經驗等。Sigrist（1999）通過實證研究得出兩類創業者的先驗知識。一是特殊的興趣愛好。對於特殊興趣愛好的追求，使創業者通過投入大量的時間和精力不斷地學習來提升自己在興趣領域的能力。二是產業知識，這是通過從事某一類具體的工作而累積起來的知識和經驗，包括某一行業市場、服務和顧客相關知識等。Shane（2000）根據先驗知識的具體內容，將先驗知識分為三種類型，分別為：對於市場的先驗知識、對於服務市場方式的先驗知識，以及對於顧客問題之先驗知識。

先驗知識有助於創業者識別機會，使得某個創業者而非他人能夠識別特定的機會，從而成為創業競爭的優勢來源（Venkataraman，1997）。有過創業經歷的人，不管結果是成功還是失敗，都擁有比沒有創業經歷的人更強的機會識別能力（McGrath、MacMiilian，2000）。總之，信息的來源與取得是創業機會識別的關鍵，這些信息來源包括創業者社會網絡下的社會資源以及搜尋的過程、創業者的個人生活經歷、教育背景和職業經驗等（Shane，2003）。

（2）先驗知識對於機會識別的作用

機會識別需要通過認知得以實現，認知結構則來源於先驗知識所形成的關於概念、模型、樣例等信息儲存，因此先驗知識對機會識別的影響需要通過人的認知這一過程才能實現（Baron，2004）。機會本身具有可識別性和可察覺性，其自然屬性決定了機會能夠被創業者識別（Bhave，1979）。創業者的先驗知識為創業者整合出合適的模式提供了信息儲備基礎

(Shane，2005）。因此，將先驗知識作為認知模式形成的基礎之一，就可解釋為什麼經驗豐富的人往往具有更強的察覺力，這也是先驗知識在機會識別中作用機制的通俗解釋。

2. 創業者警覺性（entrepreneurial alertness）

(1) 創業警覺性的概念

Kirzner將創業警覺性定義為「一種意識到了迄今尚未發現的市場需求的能力」和「激發人們大膽構想未來的能力」。創業警覺性代表一種敏感性的態度（Kirzner，1973），是對有關事物、時間和環境等信息的關注和警覺傾向，對創業機會有關信息的感知力（Ray、Cardozo，1996）。創業者的高警覺性下的敏感性態度能夠提高機會識別的機率（Kirzner，1985）。

創業警覺性分為三類：一是對市場需求信息的警覺；二是對技術進步和科學發展的警覺；三是對未合理配置或未充分使用的資源的警覺（Gaglio、Katz，2001）。創業警覺性的高低同樣受到環境因素和個人慾望等因素的影響。「貧困驅動型創業」和「成就驅動型創業」下，貧困的壓迫和對成功的慾望對創業警覺性的影響最大（Yu，2001）。

在創業警覺性的理論概念界定不斷成熟後，創業警覺性的經驗研究也成為了創業研究的熱點，但是關於創業警覺性的測量一直都是一個難題。Gaglio、Katz（2001）從三個方面測量創業警覺性，分別是正確地感知市場環境、識別關鍵的驅動要素、推動因素間的動態關聯性。

(2) 創業警覺性對機會識別的作用

創業者通過對市場和資源等信息的感知，非正式地或本能地感知機會（Cooper，1988）。個人特質和與外部環境的交互影響有利於提高創業警覺性，同時創業警覺性有助於提高創業者的機會認知能力（Shapero，1975）。創業警覺性在機會識別模式中，對創業機會識別行為具有重要作用（Gaglio、Katz，2003）。

在創業機會的識別中，需要具備對機會的敏銳態度，才能通過認知結構察覺機會的結構模式，成功地識別機會（Koppl、Minniti，2003）。因此，先驗知識和創業警覺性對於成功識別機會都有正向作用。

本研究將立足於社會網絡背景下探討創業者機會識別的影響機制，也可以說是探討創業者個人特質及其所擁有的社會資本對創業機會識別的影響機制。

2.4 團隊能力相關研究

2.4.1 創業團隊的概念

在分工細化的今天，創業已經不再是一個創業者的事業，而是基於創業團隊的事業。在創業研究的熱潮中，創業團隊的研究也成為了創業研究領域的熱點。作為創業行為中的關鍵要素，本研究首先梳理創業團隊概念的主要觀點，歸納如下：

表 2-3　　　　　　　　　創業團隊主要概念

學者	觀點
Stephen P. Robbins（2003）	為了實現共同目標而相互協作的個體組成的正式群體，而這些有著共同願望共同理想的創業者走在一起，便成為一個創業團隊。
Kamm、Shuman、Seeger 和 Nurick（1990）	兩個或兩個以上的人經過構想及實踐構想階段後，決定共同創業，成立公司，並注入等量的資金，這樣的一群人被稱之為「創業團隊」。
Kamm、Nurick（1993）	創業團隊是正式創立一家他們共同擁有的新企業的兩個或兩個以上的個體。

表2-3(續)

學者	觀點
Gartner、Shaver、Gatewood 和 Kats (1994)	創業團隊由兩個或兩個以上的個人組成,其成員參與企業創立的過程並投入相同比例的資金,創業團隊的成員還包括對「策略選擇有直接影響的個人」。
Watson (1995)	創業團隊為兩個或更多的個體聯合成立一個企業或事業,同時又一起運作。
Cohen、Bailey (1997)	創業團隊是這樣一個群體,群體中的每一個成員共同承擔相關的任務和這些任務的結果。在成員自己和其他人看來,他們都是一個社會集體單位。
Vyakamam、Jacobs 和 Handelberg (1997)	兩個或更多的人在企業的啓動階段,共同努力同時投入個人資源以達到目標,並且對企業的創立和管理負責。
Gaylen N. Chandler 和 Steven H. Hanks (1998)	創業團隊不僅包括創業過程中參與且有功能執政的人們,而且包括在營運前兩年加入的人們,但是不包括沒有公司所有權的員工。
郭洮村 (1998)	創業團隊是指兩個或兩個以上參與公司創立過程並投入資金的個人。
Mitsuko Hirata (2000)	創業團隊由那些全部參與且全心投入企業創立過程,並共同分享創業的困難及樂趣的成員組成,該團隊的目標是全心全意推動企業的成長。
Handelberg (2001)	創業團隊為這樣的一組成員,他們為其所建立的事業,擔負起創建及管理的責任。
Schjoedt (2002)	創業團隊包括兩個或兩個以上的成員,他們對企業未來和成功有經濟和其他方面的利益並承擔義務;他們的工作與追求共同目標和企業成功相關;他們對創業團隊和企業負有責任;他們在企業的早期處在執行主管位置,並負有執行主管責任,包括建立企業和建立企業之前的工作;他們無論在自身和他人眼裡都是個團體。

資料來源:筆者根據文獻整理。

現有研究一般從所有權、人員構成、成員加入時間三個角度來界定創業團隊。通過對創業團隊概念的梳理，創業團隊主要具有三個特徵：一是創業團隊成員通常都擁有公司的所有權。在企業創建初期，創業團隊成員將資金、技術、設備等投入企業形成企業資本，故創業團隊成員通常擁有企業所有權；二是創業團隊成員在企業中占據關鍵崗位，對企業管理、財務等重大事項負責，對企業發展負責；三是創業團隊成員在企業創業初期加入企業，參與創業過程。本研究在上述觀點的基礎上，明確創業團隊成員對創業的關鍵作用，對創業團隊加以界定，創業團隊成員是指在創業初期加入團隊，占據重要的管理或技術崗位，對創業過程有重大影響，且擁有公司一定所有權的成員。

2.4.2　創業團隊的相關研究

不少實證研究表明創業團隊的創業績效高於個體創業者的創業績效（Cooper、Burro，1997）。Obermayer（1980）調查發現，在Boston、San Francisco、Milwaukee等的33家成功高科技公司中，有23家是由創業團隊創辦的。Kamm（1990）對這兩類企業的T檢驗表明：兩者在股票市值上存在顯著差異；創業團隊所領導的企業在銷售收入、淨收入上都要高於個體創業者所領導的企業，但這種差異沒有達到顯著水準。Picot等（1989）又對德國的52家創業企業作了調查，以年銷售額作為績效指標，發現63%的創業團隊創辦的企業是成功的，而只有38%的個體創業者所創辦的企業是成功的。

同時，有大量研究對創業團隊能夠提高創業績效的原因進行了探討，得出以下幾方面的原因：①創業團隊成員知識、技能、能力、資源稟賦等的多樣性，能夠發揮團隊整合的優勢，降低個體缺陷的劣勢；②創業團隊成員之間的相互支持和信任，

促使了績效的提高；③創業團隊的分工合作，減輕了創業者個人面對創業過程高度不確定性的壓力（楊俊輝，2009）。

　　在這些研究的基礎上，最新研究開始探討成功創業團隊的特徵。斯蒂芬·羅賓斯在其《管理學原理》中指出，高績效的團隊應該具備以下特徵：良好的溝通、相互的信任、有效的領導、相關的技能、明確的目標、一致性承諾。賈寶強（2007）將成功創業團隊的特徵歸納為開創性、能力互補性、責任感與凝聚力、緊密協作性、完善的激勵機制。浙江師範大學鄭冉冉教授在其編著的《成功創業研究》中對成功創業團隊問題進行了研究，指出成功創業團隊具有以下特徵：①團隊中有唯一的權威主管；②團隊成員之間相互信任；③能妥善處理不同意見和矛盾；④合理分配股權；⑤能妥善處理團隊成員間的利益。雖然對成功團隊的說法不一，但是大多數學者都將團隊協調作為成功團隊的特徵之一。

　　同時，有不少學者通過實證研究分析創業團隊特徵對創業績效的影響機制。Jackson（1992）認為異質性是創業團隊表現中最關鍵的指標。Glick等（1993）發現，在變化的環境下，團隊的異質程度和績效是正相關的。Watson等（1995）的一項研究表明，創業團隊成員間的人際關係和人際互動影響群體成員對創業團隊成功可能性的預期。Francis和Sandberg（2000）對團隊成員間的友誼與創業團隊的創業績效的關係做了研究，研究結果表明友誼關係與創業績效成正比。Lechler（2001）對創業團隊中的人際社會互動過程與創業績效的關係進行了研究，他指出團隊的結構特徵和人員特徵會影響人際互動，團隊組成和人際互動共同影響創業績效。其中創業團隊的人際互動包括溝通、協調、相互支持、規範、凝聚力和衝突解決等。

　　上述文獻綜述表明，有關創業團隊的研究維度是多元的，但認真梳理後，不難發現團隊協調能力是其中的重要維度。下

面將對此作進一步論證。

2.4.3 團隊協調能力

Alchian 和 Demsetz（1972）的團隊生產理論（team production theory）指出，團隊生產所獲得的總產出大於各個團隊成員單獨生產的產出之和，且團隊的總產出與各個團隊成員的單獨產出之和的差額足以補償組織、監督成員的成本。團隊生產理論是團隊理論的基石，其前提是團隊成員之間的協調合作。只有通過團隊成員之間的協調合作，才能使得團隊的產出高於成員單獨產出之和。

協調是團隊各行為主體為實現共同目標而進行的合作，是調節努力方向、程度及時機等因素的措施、行動、過程的總和（吳其倫、盧麗娟，2004）。協作是效率之源，是員工群體生活和發展的需要（史振磊，2003）。同時，也有學者將協調定義為廣義的團隊合作（趙西萍，2008），或者將協調作為團隊合作的一個維度（Hoegl、Gemuenden，2001；Argyle，1991）。Mead（1976）指出合作是兩個或兩個以上的個體為達到共同目標而協同活動，以促使某種既有利於自己又有利於他人的結果得以實現的行為。Ring 和 Van de Ven（1994）將合作的定義進一步動態化，包括了個體繼續維持合作關係的意願。在 Hoegl 和 Gemuenden（2001）的研究裡，團隊合作被定義為團隊內的社會交往，包括團隊內部的行為、互動以及情感。從團隊合作的定義中可以看出，團隊合作強調團隊成員之間為達到相同的目標而齊心協力、相互配合的心理和行為過程（宋源，2009）。綜合以上學者的觀點可以看出，從廣義角度而言，團隊協調即團隊合作；從狹義角度而言，團隊協調是團隊合作的一個重要的維度。本研究從狹義的角度定義團隊協調：團隊協調是為了實現團隊成員共同的目標，協調團隊成員的行為和心理，使得團隊成員

之間相互配合的過程。

　　除了單純地對團隊協調的概念及內涵進行研究外，國內外學者開始從團隊能力之視角探討團隊協調。目前對於團隊能力的研究仍較少，其中比較典型的是國外學者McGrath、MacMillan和Venkataraman（1995）與Littlepage、Robison和Reddington（1997）的研究。這些研究認為團隊能力是團隊成員感受的所要完成目標與實際達成程度間的差距。也就是說，以兩者的差距程度來表示團隊能力的強度：差距越大，說明團隊能力越差；差距越小，說明團隊能力越強。事實上，團隊在實施創新活動時，必須得到資源並能夠適當地進行資源整合及重構，但其整合及重構流程跟組織能力有很大的關係，而組織能力是組織以團隊為單位進行創新活動並配置資源所逐步累積而成的。

　　McGrath、MacMillan和Venkataraman（1995）在其研究中指出，影響團隊能力表現的兩個重要因素分別為：①理解能力（comprehension），指團隊成員對企業所處經營環境眾多複雜因素間的理解程度（McGrath、Tsai、Venkataraman、MacMillan，1996）；②熟悉性（deftness），指團隊成員間的往來熟悉程度，包含人際關係的和諧、工作能力默契與意見一致性、信任程度以及資訊獲取與流通是否順暢等（涂藝鐘，1997）。

　　從團隊能力的研究中可以看出，團隊能力中的關鍵要素即理解能力及熟悉性都與團隊協調密切相關。團隊能力依賴於團隊中成員的能力以及差異化能力的合理組合，而差異化的能力要形成方向一致的團隊能力，則需要團隊成員的協調與配合。人際關係和諧、工作能力默契與意見一致性、信任程度以及資訊獲取與流通的順暢等都依賴於團隊成員之間的協調和配合。趙西萍（2008）將團隊能力定義為團隊人員擁有配置、整合其組織所能掌控的資源，創造環境，確實可靠地達成或超越其既定策略目標的能耐，將團隊協調能力作為團隊能力的兩大核心

因素之一，而且指出團隊協調能力是指團隊成員間的互動合作以提高資源掌控效率的能力，分為團隊的組織和人際關係的協調能力、團隊成員間信息交流的協調能力、團隊整體與團隊成員目標的協調能力、團隊成員能力差異的協調能力四個維度。本研究將採取這個維度，作為實證研究的基礎。

通過對創業團隊相關研究的綜述和團隊協調能力相關概念的回顧，不難發現，創業團隊成員間的人際互動對創業績效的影響機制比較複雜。創業團隊影響創業績效的關鍵因素包括團隊的結構特徵、團隊成員的人口統計特徵、團隊異質性、團隊協調能力、團隊穩定性等。本研究之所以選取創業團隊協調能力作為創業團隊能力的研究維度，主要基於以下三點理由：

（1）創業團隊的協調對於創業績效有重要影響。Shuman（1990）指出，不少創業團隊是親戚、朋友、同學和同事組成的，創業團隊成員往往從創業者原先的社會網絡中來，很多創業團隊成員間的關係是家庭關係、友誼或兩者兼有。Deborah 和 William（2000）指出友誼有助於團隊之間的協調，可以提高處理問題的效率。Francsi 和 Sandberg（2000）通過團隊友誼和團隊績效的實證研究指出，高團隊友誼能夠帶來更多的認知衝突同時減少情感衝突，維持團隊協調和穩定，帶來更高的團隊績效。

（2）創業團隊協調能力對於創業過程至關重要。首先，在創業機會和創業資源的獲取階段，創業者利用的不僅僅是自身的社會網絡，而且還會借助創業團隊成員的社會網絡進行創業活動。因此團隊的協調是創業團隊的社會網絡資源得以充分有效利用的保證；其次，由於團隊成員年齡、教育背景、家庭背景、職業背景等外部團隊異質性和價值觀、信念、認知等內部異質性的存在，在團隊決策過程中不可避免地會出現認知衝突，高團隊協調能力是解決衝突和避免團隊成員感情衝突的必要條

件。同時，在創業初期，團隊決策對創業成功的影響重大，團隊協調能力是提高團隊決策效率的重要因素；再次，成功創業團隊的特徵之一是團隊成員能力互補、技能互補，團隊成員能力差異容易造成成員的差距情緒，成員必須接受比自己能力差或者強的人，積極和與自己技能不同的成員合作，這些均需要協調，只有協調有效，團隊才能高效運轉。

（3）社會網絡關係強度對創業團隊協調能力有重要影響。由於創業團隊成員通過創業者社會網絡構建，社會網絡特徵將影響創業團隊的特徵。文獻綜述表明，社會網絡關係強度對創業團隊的人際關係有直接影響，進而影響創業團隊的協調能力。基於以上理由，在創業團隊能力這個因素上，選擇創業團隊協調能力為研究對象，是切實可行的。

2.5 資源獲取與整合相關研究

2.5.1 資源的相關概念和分類

1. 資源的概念

資源在經濟學中的定義為「為了創造財富而投入生產活動中的一切要素」。Wernerfelt（1984）對資源的定義為「任何可以被認為是一個給定企業的優勢或是不足的東西，更確切地說，一個企業的資源可以被定義為企業所永久性擁有的（有形和無形的）資產」。Barney（1991）認為企業資源是指「所有能為企業控制，並能用於提高企業效率和收益的資產、能力、組織過程、企業屬性、信息和知識等，用傳統戰略分析的話來講，企業資源是企業在制定和實施其戰略時可以利用的力量」。Grant（1991）認為，企業資源包括六類：財務資源、物力資源、人力

資源、技術資源、聲譽和組織資源。他指出，僅僅從財務報表來認識企業資源是不夠的，因為財務報表無法準確反應人員技能、技術訣竅等無形資源，而這些資源對於企業獲取競爭優勢來說卻是至關重要的。Grant擴大了資源的外延，不僅將投入要素包括進去，而且把商譽等無形的東西也納入資源範圍，形成了一種廣義的資源定義。

Amit和Schoemaker（1993）認為資源是企業擁有或控制的要素存量。通過使用一系列其他的企業資產和連接機制，例如管理信息系統、管理者和員工之間的信任等，資源會被轉化成為最終的產品或服務。資源包括可交易的技術訣竅（如專利和特許權）、物質及金融資產和人力資本等等。Olive（1997）對資源的定義，更傾向於對無形資源的挖掘，認為「企業內部稀缺的生產流程、商譽、專利、專有技術以及制度資本等都是資源的體現」。林嵩、張煒和林強（2005）認為資源就是企業作為一個經濟實體在向社會提供產品或服務過程中，所擁有或者所能夠支配的能夠實現公司戰略目標的各種要素以及要素組合。這些要素或要素組合包括企業所有的資產、能力、組織結果、企業屬性、信息和知識等。

針對創業資源，Barney（1991）認為創業資源是指「企業在創業的全過程中先後投入和利用的企業內外的各種有形的和無形的資源總和」。Davidsson（2003）認為創業資源是能夠用來發現和開發創業機會的所有有形和無形的資產。

根據以上學者的觀點，本書認為創業資源是創業過程中，創業企業能夠控制和支配用於提高其效益支持其戰略發展的所有有形和無形的要素及其組合。結合本書的研究目的，需要說明一點，要素及要素組合包含了資源本身及可以提供資源的媒介。例如，社會網絡嵌入了許多資源，創業企業可以通過社會網絡控制支配資源，社會網絡是資源獲取的媒介，但社會網絡

本身就是一種關係資源。

目前，學者們對資源的研究側重點不同，對資源的劃分標準也不同。

Penrose（1959）將資源分為實物資源（tangible resources）和人力資源（human resources）兩大類。實物資源包括廠房及其設備原料產品等有形資源，後者指參與企業生產經營管理的人員。Wernerfelt（1984）認為企業資源包括物質資源、人力資源和組織資源。Barney（1991）在以前研究的基礎上，將財務資源納入進來，將企業資源分為財務資源、物質資源、人力資源和組織資源。還有一些學者在基礎論學者研究的基礎上，將聲譽資源、商譽資源、創新資源納入進來。

根據資源之間的網絡聯繫，Black 和 Boal（1994）將企業資源分成內聚資源（contained resources）和系統資源（system resources）兩大類。根據資源的不可模仿性及保護程度，Miller 和 Shamsie（1996）將企業資源分為權力資源和知識資源。權力資源是可以通過正式契約保護的資源（比如說明晰產權、合同約定、專利申請等），知識資源是指通過建立知識資源的位勢障礙使得競爭對手難以模仿，來保護流程、技能資源的獨特性。Galunic 和 Rodan（1998）將企業資源分為把資源分為有形實物資源（tangible resources）和知識資源（knowledge‐based resources）。

按照資源對生產過程的作用，Brush、Greene 和 Hart（2001）將資源分為生產型（utilitarian）資源和工具型（instrumental）資源。生產型資源主要用於生產資源（比如說實物資源），工具型資源主要用於獲取其他資源（比如說的財務資源等）。

隨著資源用途研究深入，資源類型的劃分日益多種多樣，本書主要研究新創企業，主要關注創業資源的類型劃分。Dollinger（1995）將創業資源分為六種類型，包括人力或智力資源、財務資源、物質資源、技術資源、組織資源和聲譽資源。他將

關係資源、網絡資源納入到人力資源，將聲譽資源單獨列出予以研究。Greene、Brush 和 Hart（1997）認為創業資源包括人力資源、社會資源、財務資源、物質資源、技術資源和組織資源。他們的劃分與 Dollinger 的劃分有所不同，將聲譽資源歸到人力資源一類，將社會資源單獨列出予以研究。Firkin（2001）將創業階段的資源分為經濟資本、人力資本和社會資本三類。Timmons（2002）認為創業資源包括四部分，即：①人，如管理團隊、董事會、律師、會計師和顧問；②財務資源；③資產，如廠房和設備；④商業計劃。

結合 Dollinger、Greene、Brush 和 Hart 等學者的關於創業資源的觀點，考慮到本書主要研究社會網絡，所以本書採用創業相關研究較多的學者 Greene、Brush 和 Hart 的觀點，將創業資源劃分為人力資源、社會資源、財務資源、物質資源、技術資源和組織資源。

在以上的資源當中，有些資源可以作為槓桿資源，來幫助企業獲取外部資源。Stevenson 和 Jarillo（1990）認為「槓桿資源（leveraging resources）是指一個個體或企業通過資源槓桿作用來追求機會而不管是否控制自身需要的資源」。Wilson 和 Appiah－Kubi（2002）提出槓桿資源就是「企業的外部資源」，但同時指出，「槓桿資源不等同於外部資源，它比外部資源具有更寬泛性」。基於對社會網絡的研究，本書認為槓桿資源模糊了內部資源和外部資源的邊界，不能簡單地將資源歸屬於內部或是外部。就社會資源來說，社會資源似乎不屬於企業內部資源，但是卻依託於企業內部的個體社會網絡。

2.5.2 資源理論與企業能力理論的研究綜述

1. 資源依賴理論的回顧

資源依賴理論是企業組織理論研究的重要理論之一。對組

織和資源之間的研究從20世紀60年代就開始了，但資源依賴理論的全面發展源於Pfeffer和Salancik等人在20世紀70年代後期的研究。資源依賴理論的主要代表人物Pfeffer和Salancik（1978）在其《組織的外在控制：資源依賴的觀點》一書中以資源為線索，探討了環境與組織之間存在的密切關係，強調了從環境中獲取資源的重要性，詳細敘述了資源依賴模式。

資源依賴理論認為，由於企業間資源的流動性約束，企業為了生存發展，需要從外部環境獲取資源。組織與環境相互依存、相互作用，企業並非被動地依賴於環境，而會主動地去改變環境獲得所需的資源。資源依賴有兩個前提：一是組織的存續和發展需要許多不同的資源，然而企業不能做到自給自足，因此需要從環境中獲得企業賴以生存的資源；二是組織處於一個開放的環境中，其正常運作需要外界活動的支持。組織的存續與發展依賴於環境所提供的資源，這就形成了資源依賴。組織對環境的依賴並非為被動的依賴。Aldirch和Pfeffer（1976）認為在環境的互動過程中，企業組織居於主動的地位，可以對環境中刺激作出適當回應，甚至有能力掌握環境。因此，組織在從環境中獲取資源的過程中，會盡可能地改變或消除環境中的限制，甚至影響環境。一個組織的運作離不開其他組織的活動配合和支持。組織對環境的依賴可以被看成對提供資源組織的依賴，這種資源模式可以被認為是組織間的資源依賴模式。組織間的資源依賴模式為企業間的合併和結盟提供了參考。

組織處於開放的環境中，環境中的每個組織既是資源享用者又是資源的提供者，所有的組織與環境之間形成了一個大的交換系統，組織間的資源依賴會形成合作關係網絡，企業通過交易來獲取資金、技術、信息等有形或無形資源。

資源依賴論的資源觀沒有局限在企業內部，而是注重與環境的交換。組織間的資源依賴模式為企業從外部獲取資源和資

源整合提供了新的思路，有助於企業間的合作。正是由於該理論強調了環境的重要性，並讓企業能夠重視環境的作用和環境的變化，以採取一定措施來防範動態環境的風險，這在一定程度上增強了企業對環境的適應能力。

2. 資源基礎論的回顧

企業資源基礎觀（the resource-based view of the firm）是20世紀80年代初開始出現並逐步占據戰略管理理論主導地位的一個很有影響力的理論框架，該理論幫助企業從內部現有條件出發理解如何獲取競爭優勢以及如何保持競爭優勢。

Lippman 和 Rumelt（1982）在《不確定的模仿性：競爭條件下企業運行效率的差異分析》一文中指出，如果企業無法有效模仿優勢企業得到產生特殊能力的源泉，企業之間具有的效率差異狀態將永遠持續下去。他們的研究開創了把企業經營戰略當做開發和累積能夠生產經濟租金的資源並進行精確分析的先河。

Wernerfelt（1984）發表了《企業資源基礎論》，這是20世紀80年代最具影響力的關於企業資源研究的學術論文。Wernerfelt 認為，企業的組織資源、能力、知識等內部條件是企業獲得超額利潤和保持競爭優勢的關鍵，而且企業的內部獨特資源為企業帶來超額利潤的同時，內部資源的位勢障礙也為企業帶來了競爭優勢。企業長期累積的內部資源具有異質性，這種異質性決定了企業的競爭優勢。異質性資源、資源累積的位勢障礙、企業組織整合能力是企業保持競爭優勢的源泉。自此以後，更多的有關資源的學術研究均被納入企業資源基礎觀範疇，其中包括 Rumelt、Barney、Dierickx、Cool 等一大批學者的觀點。

在資源基礎觀中，處於核心地位的是資源。眾多學者對資源基礎論的最早起源考證不一。雖然 Wernerfelt（1984）發表的《企業資源基礎論》引起了極大關注，但是本書認為資源基礎論

最早應該追溯到企業成長理論。Penrose（1959）在新古典經濟學家馬歇爾的內生理論的基礎上，將研究從產業縮小到單個企業。Penrose（1959）認為企業是被行政管理框架協調並限定邊界的生產性資源的聚合體，企業的資源是異質的，具有不可分割性，企業的成長是一個基於內部資源累計性增長的演化過程，內部資源是企業成長的動力。Penrose認為企業的異質性和資源間運用的不平衡使得企業傾向於將所擁有的內部資源運用到更廣闊的領域中，傾向於多元化成長，但是資源決定著成長的方向與極限。

　　Prahalad和Hamel（1990）將在企業競爭優勢中起關鍵作用的知識和能力稱為核心競爭力（core competency）。Barney（1991）從企業內部資源視角來解釋企業的競爭優勢，總結出能為企業帶來持續競爭優勢的資源必須具備以下五個條件：價值性、稀缺性、不可完全模仿性、不可替代性、可以低於價值的價格為企業所取得。

　　資源基礎論在新古典經濟學的基礎上，融合了企業成長理論、能力、競爭理論，由最初的關注企業的內部資源，到後來衍生開來，關注企業的內部異質性資源和競爭力，逐步過渡到對核心競爭力的影響，走到了一個新的里程碑：從最開始資源對企業成長動力的影響、對績效的影響，到後來的競爭力的維持和提升。總結資源基礎論的觀點如下：①企業是資源束的集合，企業的資源具有異質性；②稀缺資源和企業能力是企業盈利的主要動力；③資源的不流動性起到資源位勢障礙保護作用；④特殊的異質性資源是企業競爭優勢的源泉。

　　資源基礎論以資源為中心，結合企業的成長決策和競爭優勢，旨在識別維護發展企業的核心關鍵資源，培養提升企業的核心競爭力，獲得超額利潤，維持其他企業難以模仿的競爭優勢。但資源基礎論的研究也存在一些局限。中國學者周三多

（2002）認為：該理論無法確定眾多資源中哪種資源對企業的成功起決定作用；可操作性不強，沒有一個分析工具可以被普遍接受，它只是提供了一個分析視角，即從企業內部來尋找企業獲利能力的原因，忽視了對外部環境的分析；強調了對現有資源的分析，而忽略了如何創造資源。

3. 企業能力理論的回顧

20世紀80年代初，企業能力理論出現並且快速發展起來。經過二十多年的發展，企業能力理論逐步在企業管理領域盛行，並為產業經濟學家、企業理論學家所廣泛使用。企業能力理論逐漸分化為幾個相對獨立而又相互補充的流派，它們分別是：企業核心能力理論（Prahalad、Hamel，1990；Teece、Pisano Shuen，1997；Rodan，1998）、企業知識基礎理論（Spender，1996；Kogut、Zander，1992、1996；Galunic、Rodan，1998）和企業動態能力理論（Teece、Pisano、Shuen，1997；Helfat，1997等）。這些名稱不同的企業能力理論的共同之處在於：與外部條件相比，企業的內部條件對於企業獲取和保持競爭優勢具有決定性的作用。能力學派共同的觀點是組織將組織內部的資源加以整合形成能力。

傳統的資源學派的觀點是在研究中將企業能力看做一種特殊的企業資源，但並不對資源和能力加以特別區分，如Wernerfelt（1984）、Barney（1991）等。

Richardson（1972）是第一個明確提出「企業能力」概念的經濟學家。Richardson對企業能力進行了區分，他認為能力反應了企業累積的知識、經歷和技能，是企業活動的基礎。Richardson擴展了Penrose的企業內在增長理論，堅持認為企業不斷學習的過程導致了專門能力，正如企業產品市場的不斷開拓不僅帶來單個企業純粹的數量擴張和同質成長，而且引發了企業質的變化。

在國外關於企業能力研究的基礎上，中國學者陳勁、王毅和許慶瑞（1999）歸結出八類能力觀：整合觀、網絡觀、協調觀、組合觀、知識載體觀、元件架構觀、平臺觀和技術能力觀。王國順（2006）在此八類的基礎之上，又增加了過程觀和資本觀。上述這些觀點都是從各自的研究視角出發，因此，各有側重點，各有優缺點，表達形式也不同，但實質是一致的，都認為能力的本質是企業中一系列知識和技能的結合。另外一些學者對企業能力的觀點如表2-4所示。

表2-4　　　　　　　　　企業能力主要觀點

學者	觀點
康建中（1999）	企業能力是指企業在發展過程中實現欲達目標的必備素質和潛能，企業能力有三個層次：核心能力、輔助能力和潛在能力。
王錫秋、席酉民（2002）	企業能力是企業所具有的、直接影響企業效率和效果的主觀條件，它是一種產生於認知、行為和文化三個方面的互動作用力，是知識、結構和文化三個方面耦合的結果。
餘長春（2004）	企業能力與企業的設備、技術、制度、文化、管理、資金、服務、創新等要素有關，然而，從更深層次上進行分析不難看出，這些要素基本上都與企業中的人力資源存在著或多或少的聯繫，這種聯繫也許是直接的，也許是間接的。
許廣義、胡軍（2004）	企業能力是指企業運用資源要素創造社會產品時所形成的企業勢能。企業不僅生產產品，也在生產能力，就如同人的能力伴隨人的成長一樣，而這一點過去一直為理論學家們所忽略。

資料來源：筆者根據文獻整理。

企業資源是可以從外部市場獲取的、可以進行交易和轉移的，在投入產出過程中也可轉變；而企業能力一般是難以在市場上獲取的，也難以交易和轉移，只能在企業內部開發和累積。

然而，在實踐中，資源和能力的應用是不可分割的，因為它們之間相互影響。項保華（2003）認為，在通常的意義上，資源是那些由管理者所控制的外顯、靜態、有形、被動的「使役對象」，而能力是潛在、動態、無形、能動的可以勝任某項工作或活動的「主觀條件」。資源和能力不可分割，資源需要通過能力來實現增值，而能力只有通過使用資源為顧客創造價值才得以顯現。Makadok（2001）明確指出，資源可以在要素市場上通過選取和購買而獲得，而能力只能在企業內部通過構建而形成。王核成（2005）認為，資源著重強調其有形性，能力則著重強調其無形性。資源是一個相對靜態的概念，是在某個時間截面上的反應；能力是一個相對動態的概念，是相對於要做的事情而言的，也只有在做事的過程中才能逐步顯現和發展起來。可以這樣認為，以知識為本質的無形資源與附在人力資源上的能動性和創造性以及組織慣例等之間的整合和運用，便產生了企業能力。企業能力進一步作用於有形資源便形成了績效。

2.5.3 資源獲取與資源整合的研究綜述

1. 資源獲取重要性和獲取方式

（1）資源獲取的重要性及難度

資源匱乏是創業企業的基本特徵（Baker、Nelson，2005）。Stinchombe（1965）認為創業企業在要素市場和產品市場缺乏必要的聲譽和信用記錄使其在與成熟企業競爭時存在著劣勢。與此同時，創業者為了避免商業機密洩露，不願公開太多與創業有關的信息，這導致了資源所有者用以評估該創業機會的信息減少，即信息的不完全使得的資源擁有者不願意投資，這給從外部獲取資源帶來了一定難度。相比資源擁有者，創業者擁有更多的創業信息，但由於缺乏信用記錄，資源擁有者擔心無法控制機會主義，從而不願冒險投資，使得資源出讓變得困難。

所以創業企業的關鍵任務就是資源獲取。

（2）資源獲取的方式

葉學峰和魏江（2001）根據資源的來源將資源獲取的方式分為內部培育、合作滲透、外部併購三種類型。Brush、Greene和Hart（2001）將資源分為生產型資源（實物資源、技術資源等）和工具型資源（財務資源、人力資源等），創業企業可以通過工具型資源獲取生產型資源，通過無形資源獲取有形資源。Sirmon和Hitt（2003）提出了「資源管理」（resource management）這一概念，認為資源既可以通過內部創造也可以從外部獲得。如果企業自身財務資源較為充足，可以通過社會網絡來從外部獲取資源。趙道致、張靚（2006）提出了資源槓桿模型，指出「資源槓桿效應是依託企業網絡發生的」，通過社會網絡來獲取外部資源。Sirmon、Hitt和Ireland（2007）提出了資源動態管理過程模型，該模型包括資源構建、資源整合、資源利用三個環節，其中資源構建包括資源外部獲取和資源內部累積。張君立、蔡莉和朱秀梅（2008）在前人研究的基礎上，將資源獲取分為資源購買、資源吸引、資源累積三個途徑。

針對創業資源的獲取，研究的代表人物主要有Brush、Greene和Hart（2001），Sirmon、Hitt和Ireland（2007）。本書採取Sirmon、Hitt和Ireland（2007）的觀點，將資源獲取的方式分為資源外部獲取和資源內部累積。資源外部獲取是從企業外部要素市場和產品市場獲得全新的資源，將其添加到企業的資源庫中；資源內部累積，是利用現有資源培育新的資源，完善企業的資源庫。結合中國學者張君立、蔡莉和朱秀梅（2008）的觀點，本書將外部獲取進一步細分為資源購買、資源交換、資源吸引。企業可以通過交易的方式從外部獲取資源，通過有形和無形資源的槓桿作用吸引和購買資源。若創業企業擁有充足的財務資本，可以利用財務資源購置企業所需的廠房、機器設

備等物質資源和技術資源、人力資源。但是創業企業通常會在資金方面出現短缺，可以通過出讓部分「股權」或是「期權」等企業資源來換取企業欠缺資源。除了資源購買、資源交換，資源吸引也是獲取資源的一個方式。如若企業創業機會的前景較好，創業計劃的可操作性較強，創業團隊成員的聲譽較好，就會更容易吸引人才及引進投資。

內外兩種資源獲取方式的效果因企業而異。雖然從外部獲取資源可以豐富創業企業資源庫的種類，但是 Sirmon、Hitt 和 Ireland（2007）認為「外部獲取通常無法提供企業所需的所有資源，因此，內部累積也是企業構建資源庫的主要方式，而且通過內部累積取得的資源更具有異質性，難以被競爭對手模仿」。

根據資源基礎論的觀點，異質性資源能夠為企業帶來競爭優勢。無論是外部獲得還是內部累積，主要還是異質性資源能夠為企業帶來價值。可見，資源獲取的效果直接影響到資源的整合，可以從資源獲取的數量和質量來測量資源獲取的效果。但資源獲取效果很難量化。考慮到資源的質量難以量化，本書建議可以從資源的專用性和通用性角度來進行分析。對於可以量化的資源，可以通過數量來直接測量；對於不可以量化的資源，可以考慮用種類來代替數量來測量。無論是通過哪種方式取得資源，以及在該種方式上取得資源的效果如何，都得承認資源獲取在創業企業成功的重要性。資源獲取發揮重要作用的前提是獲取的是異質性資源。

2. 資源整合能力的概念界定

通過上一節對資源理論和企業能力理論的文獻回顧，我們得知資源和能力就如同一個硬幣的兩面——資源是企業所控制的靜態要素，能力是企業所發揮的動態要素，因此將資源和能力結合起來研究是能力學派和資源學派的共識。資源整合能力

的概念和相關理論正是基於這兩個理論基礎之上構建起來的。資源整合能力是影響創業績效的關鍵因素（Teece，1997），因此對創業者資源整合能力的來源及其形成的研究一直是研究的焦點，其中機會學派的觀點是資源整合能力需要通過有效發掘和利用市場機會來實現（Shane、Venkataraman，2000），資源學派的觀點是資源整合能力通過發現和獲取獨特的資源（Alvarez、Busenitz，2001），能力學派的觀點是資源整合能力通過組合和發揮人的能力來實現（Shelby、Robert，1996）。

　　從以上對資源整合概念的界定中，本研究總結出了資源整合概念的幾個要點：一是資源整合的對象是能夠為企業創造價值、形成能力的各項資源，包括信息資源、實物資源和人力資源等；二是資源整合行為主要是聚集、匹配和利用資源；三是資源整合的目的是將靜態的資源變為動態的能力，進而形成能力；四是資源整合是一個動態的過程，隨著企業的發展階段不同，資源整合行為亦會不同。本研究將資源整合能力的概念界定如下：資源整合能力是指在資源獲取後進行配置和利用以形成企業核心競爭力的能力，是將靜態的資源加以配置和利用轉化為行為和活動以創造價值的能力。資源整合能力是一種企業動態能力，資源整合能力在企業生命週期的不同階段，其具體含義不同。對於創業初期而言，資源整合能力是指在創業過程中合理配置獲取的信息、資產等資源並與獲取的人力資源進行匹配，以實現創業成功，進而獲取創業競爭優勢。

3. 資源整合過程

　　創業資源是創業過程中企業能夠控制和支配用於提高企業效益、支持企業戰略發展的所有有形和無形的要素及要素組合。創業資源涵蓋了人、財務資源、資產和商業計劃等（Timmons，2002）。可以說，創業資源是創業過程中機會識別、團隊構建和資源獲取三個關鍵行為的結果，而資源整合則是對結果的配置

和運用。關於資源整合的概念，現有研究一般從資源整合的過程對其進行界定。

　　資源整合過程是一個複雜的過程，需要將獲取的各項資源加以選擇、汲取、配置、激活和有機融合，使之具有較強的柔性、條理性、系統性和價值性，並且在這個過程中建立核心資源體系（Hitt，2001）。對於資源整合，本書作如下理解：首先，資源整合是創業過程的一個必要環節和關鍵行為，其目的是使得這些資源形成企業能力、創造新的價值；其次，資源整合是資源管理過程的一個環節。創業企業在資源配置過程中需要經歷集中資源、吸引資源、整合資源和轉化資源四個環節（Brush、et al, 2001）。創業者在創業過程中需要獲取機會信息、團隊資源和其他創業資源，需要經過一個資源整合的過程，例如：對機會信息進行評價和選擇；將團隊能力與創業活動進行匹配；把團隊資源和獲取的物質資源、技術資源等進行合理的配置；將信息資源、團隊資源、物質資源等進行有機的融合等（Brush，2001）。

　　可見，資源整合是一個動態的過程，資源整合發生在企業發展的各個階段。Sirmonh 和 Hitt 認為資源管理的三大步驟分別是構造資源組合、綁定資源形成能力和利用能力。其中構建資源組合階段包括獲取資源、剝離資源和集聚資源，綁定資源形成能力的過程包括保持、改進和創造等過程，利用能力包括移動、協調和配置資源。基於資源整合的動態性，資源獲取和資源整合是一個相互銜接的資源管理過程。有學者將資源獲取歸入資源整合過程，將資源整合過程劃分為四個階段，分別是資源識別、資源獲取、資源配置以及資源利用（馬鴻佳，2008）。本研究為了研究資源獲取和資源整合之間的關係，故將資源整合過程界定在資源配置和資源利用兩個階段。

4. 資源理論對資源獲取和資源整合的啟示

企業內部資源的流動性約束，為企業建立了資源位勢障礙保護作用，維持企業獨特的競爭力，但這在某種程度上也限制了資源的流動。資源依賴論使企業認識到與環境交換資源的重要性：企業與其他企業之間的網絡可以提供更多的資源，從而拓寬了企業從外部獲取資源的渠道。創業企業因其新生性所導致的成長劣勢、信息不對稱等問題，增加了其從外部獲取資源的難度，也就是說，新創企業在獲取競爭性資源方面並不具備優勢。

企業雖然認識到了從環境獲得資源的重要性，但並非所有資源都會帶來競爭優勢，只有那些稀缺且不可模仿的異質性資源才能給企業帶來競爭優勢。如何獲得異質性資源？Barney（1986、1991）認為：「可通過一種系統的方法獲得異質性的資源，即企業必須運用高超的資源選取技能在資源市場上有上佳表現，同時還要求企業開發出一種技能，以能比市場上其他參與者對所要選擇資源之未來價值進行更為精確的預測。這種技能包括對相關信息的收集與分析等。擁有高超資源選取技能的企業運用該項技能來區分哪些資源可以產生收益，而哪些資源則會帶來損失。」

有些資源可以通過公開市場獲得，而有些卻不能，因為企業的異質性資源中有一些要素無法通過市場來定價。但是這些資源（要素）卻非常有價值，是企業的競爭優勢所在，因為它們多由企業內部之人力資本和社會資本累積而成。所以在資源獲取之前，要對資源進行識別，以明確哪些是能帶來競爭優勢的異質性資源。在資源識別之後有針對性地進行獲取，可以提高資源獲取效率。這些工作對創業企業而言尤其重要。

5. 企業能力理論對資源獲取和資源整合的啟示

（1）資源與能力不可分割

通過對企業能力理論的回顧，本研究發現企業能力與資源是緊密聯繫的。資源是靜態的，資源只有通過整合利用才能形成動態能力進而形成企業能力，同時能力只有依賴於資源才能發揮其作用。企業能力需要借助於人力資源的能動性，將獲取的各項資源進行有效的配置整合。相同的資源數量和質量，資源配置整合方式不同，發揮的企業能力大小也不同。資源可以通過外部獲取和內部累積兩種方式獲得；企業能力卻是內生的，只有通過企業自身不斷地開發才能形成。資源獲取的效率和效果對企業能力有重要影響，資源的獨特性和不可替代性是企業核心競爭力的來源。

（2）資源獲取形成企業資源，資源整合形成企業能力

創業資源的獲取對創業成功固然重要，但是資源整合也是創業行為不可或缺的環節。創業者識別的創業機會、構建的創業團隊、獲取的有形和無形資源只有通過資源的整合才能將創業機會付諸實踐，生產新產品或提供新服務，創造新價值。雖然有不少學者認為創業資源獲取一直是創業活動的關鍵，但是霍華德·史蒂文（2005）指出：「創業者在企業成長的各個階段都應努力爭取用盡可能少的資源來推進企業的發展。創業資源的獲取不在於資源的擁有，而在於控制。創業資源運用的獨特方法是創業活動的關鍵。」[1] 在企業能力的概念界定中，不少學者提到資源整合形成企業能力，這說明了資源整合與企業能力之間的重要關係。

---

[1] 引用自：Jeffry A. Timmons & Stephen Spinelli, Jr. New Venture Creation. 2005, 7: 235-257。

2.6　社會網絡與創業行為研究的總體評述

　　通過文獻研究，本書認為將社會網絡分析方法運用於創業者創業行為研究，很大程度上改變了以往創業研究設定的原子論視角下對創業者社會情景的忽視，這必然拓展了創業學這種注重結構面研究的學科發展。同時，運用社會網絡分析對創業者創業活動的理論和實證研究，也為後續創業行為研究奠定了基礎。

　　由於社會網絡視角下創業行為的研究還處在發展之中，尚存在以下不足：一是研究理論框架尚不完整。在現有研究中，大多數學者僅僅運用社會網絡分析方法研究創業行為中的一個行為，例如比較成熟的研究有社會網絡對機會識別的影響研究、社會網絡對資源獲取的影響研究等。一個完整的分析框架應該涵蓋對創業活動過程的關鍵行為和創業結果的研究，其中應該對創業行為的三個關鍵要素機會識別、團隊構建和資源獲取進行系統的研究。二是現有研究大部分從社會網絡結構的角度對社會網絡對創業的影響進行探討，很少有從網絡關係、網絡治理的角度進行研究。很多學者將關係強度作為網絡結構的一個維度，但沒有對社會網絡的關係強度進行專門的研究。因為正如本書後面將要證明的那樣，與西方國家的社會關係比較，在中國關係文化和社會網絡關係中，較之弱關係，強關係對創業行為的影響更為明顯。因此，專門細化地研究社會網絡關係強度對創業活動的影響是有必要的。三是缺乏關於社會網絡特徵何以影響創業績效的內在機理的實證研究。現有研究多是對社會網絡特徵與創業績效的關係進行了實證研究，或者是對社會網絡特徵與某一創業行為能力進行實證研究，但是研究社會網

絡特徵、創業行為能力、創業績效三者關係的實證研究並不多見，即使有結論也存在較大的爭議。社會網絡特徵對創業績效的作用機理缺乏足夠的實證研究支撐。

2.7　本章小結

本章主要是對本研究的三大理論基礎（社會網絡理論、資源理論和企業能力理論）、社會網絡的概念、創業行為與創業績效、機會識別、團隊協調能力、資源獲取和資源整合的基本概念以及它們之間的一些關係進行了簡要的回顧與評述。

（1）對社會網絡的概念、社會網絡特徵的研究和社會網絡核心理論的回顧。首先，在回顧了學者對社會網絡概念界定的主要觀點的基礎上，歸納了社會網絡概念的三個關鍵特徵。本研究將社會網絡定義為社會行動者之間的各種關係，能夠為行動者帶來信息和資源的結構系統。其次，介紹了自我中心網絡和整體網絡兩者的區別，明確了本研究的對象是創業者自我中心社會網絡。再次，回顧了社會網絡的核心理論：嵌入型和弱關係理論、社會資本理論、強關係理論等，為本研究奠定了理論基礎。最後，回顧了網絡規模、網絡密度、結構洞等社會網絡結構維度的概念和社會關係強度的概念，借鑑 Granovetter 的觀點將社會網絡特徵的研究劃分為結構主義和關係主義維度，並提出將關係強度作為本書社會網絡研究的維度。

（2）對創業研究相關概念和理論的回顧和評述。首先，通過回顧創業者概念的主要觀點，將創業者界定為敢於承擔創業風險，在識別創業機會後通過組建團隊、獲取資源形成一個新的組合，並整合資源形成企業能力的人。其次，回顧了創業行為和創業結果的概念，明確將組織目標和相關利益者滿意度一

起作為測量標準、運用財務指標和非財務指標相結合的多維度測量方法，採用問卷調查的主觀評價法對創業績效進行評價。

（3）對創業過程的三大關鍵行為的概念和理論的回顧與評述。首先，回顧了創業機會的概念和來源、創業機會識別的內在機制、創業警覺性和先驗知識的概念以及社會網絡對機會識別的影響研究。其次，回顧了創業團隊、團隊能力與團隊協調能力的概念，創業團隊協調對創業績效的影響，總結了本研究引入創業團隊協調能力作為研究對象的原因。再次，回顧了資源獲取和資源整合能力的理論基礎（資源理論和企業能力理論），介紹了資源獲取資源整合能力的基本概念和相關研究，分析了社會網絡、資源獲取與資源整合的關係。

（4）對本研究的理論基礎和相關研究作出評述，指出社會網絡視角下創業研究的不足之處並闡述了原因。

3 理論模型與研究假設

本章主要介紹研究的理論模型和基本假設。經過對社會網絡與創業活動的總結評述，在前人理論研究的基礎上，通過探討社會網絡及創業行為的各個變量之間的內在機制和路徑關係，構建本研究的理論模型，並提出相應的假設。

3.1 理論模型的提出

3.1.1 主體架構

從第二章的理論及文獻綜述可以得知，創業者在創業初期的社會網絡能夠促進新創企業績效的提高。但是，當我們把創業者初期社會網絡的關係強度、創業者機會識別、創業團隊協調能力、資源獲取、資源整合這些對創業績效都有重要影響的變量放在一起的時候，它們是如何影響創業績效的呢？創業者初期社會網絡的關係強度、創業者機會識別、創業團隊協調能力、資源獲取、資源整合對於提升創業績效的過程是不是有秩序的？哪些變量在前？哪些居中？是不是所有變量都對創業績效的作用都是相同的？創業者初期社會網絡的關係強度是如何影響創業者機會識別、創業團隊協調能力及資源獲取的？資源整合又

是如何提升創業績效的？前人尚未對上述問題進行深入的探討。而這些問題的解釋不僅能夠有助於我們充分地理解各個變量之間的相互影響路徑和內在作用機制，也有助於創業者正確地運用社會網絡關係，提升機會識別、資源獲取、團隊協調能力，有助於創業者通過資源整合有效地提升創業績效。本研究基於社會網絡和資源基礎觀，構建了一個新的關於創業者初期社會網絡的關係強度、創業者機會識別、創業團隊協調能力、資源獲取、資源整合與創業績效的相互影響的理論模型，並在以下的章節中，運用結構方程模型進行實證分析，分析該模型的理論意義和實踐價值。本研究的主體架構如圖 3-1 所示：

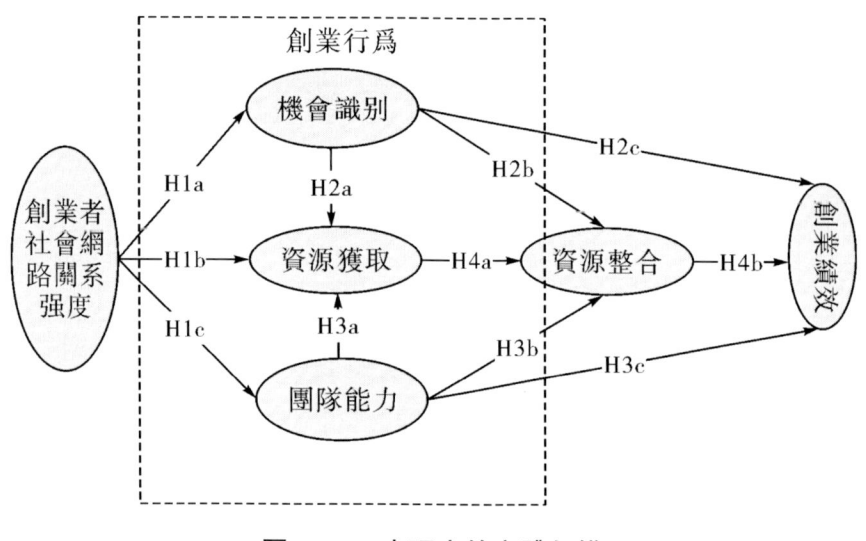

圖 3-1　本研究的主體架構

3.1.2　社會網絡關係強度與機會識別部分的進一步細化

在快速多變的外部環境下，機會的迅速識別與開發利用是取得成功的關鍵。Shane 和 Venkataraman（2000）指出「機會」是創業的第一步，創業家對於機會的存在有著不同的認知，可能是因為過去累積的知識、經驗所產生的信念，或是信息不對

稱等。Ardichvili、Cardozo 和 Ray（2003）在其創業機會發展模式中，指出創業警覺性對創業機會識別過程的重要性。也就是說，先驗知識固然重要，若沒有搭配高度創業警覺性，仍難以發掘有價值的創業機會。Hills 等（1997）的一項類似的研究，考察了單獨型創業者與網絡型創業者之間的差別。國內學者張玉利等（2008）走訪了 105 家新創企業，運用調查問卷得出有效問卷 119 份。他們的實證分析表明：社會交往面廣、交往對象趨於多樣化、與高社會地位個體之間的關係密切的創業者更容易發現創新性更強的機會。而創業者的先前經驗調節著上述影響機制，相對於經驗匱乏的創業者而言，經驗豐富的創業者更容易從高密度的網絡結構中發現創新性更強的機會，而難以借助更廣泛的網絡聯繫來發現創新性機會。

　　基於以上的分析可以得知，社會網絡通過提供和擴散關鍵信息以及其他一些重要資源對創業機會的識別與獲取過程產生影響。上述機會識別過程模型的每一個構成要素無不與社會網絡存在緊密依存關係。

　　因此，本研究在整體模型的基礎上，重點研究創業初期的社會網絡關係強度與創業機會識別的內在機理。本研究認為創業者的先驗知識和創業警覺性可以調節這兩個變量的關係。在此提出兩個假設，其模型細化如圖 3-2 所示：

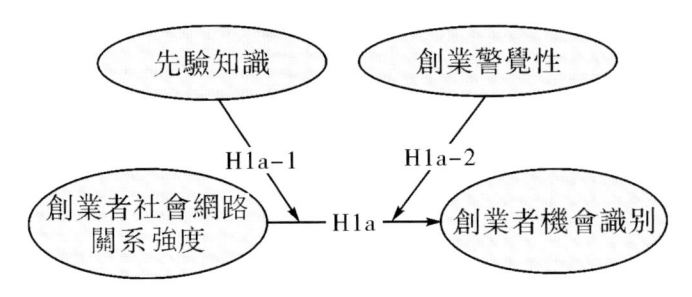

圖 3-2　創業者社會網絡關係強度與創業者機會識別的內在機理模型

3.1.3　整體框架

基於對創業者在創業初期社會網絡的關係強度、創業者機會識別、創業團隊協調能力、資源獲取、資源整合和創業績效這些相關要素之間的內在關係的討論，本研究認為創業初期社會網絡的關係強度、創業者機會識別、創業團隊協調能力、資源獲取、資源整合和創業績效構成了本研究的整體框架。它們之間的關係是：創業者初期社會網絡的關係強度影響到創業者機會識別、創業團隊協調能力和資源獲取，而創業者機會識別、創業團隊協調能力和資源獲取通過資源整合進而影響創業績效。

在主體架構的基礎上，本書同時探討創業者的先驗知識和創業警覺性在創業者初期社會網絡的關係強度與創業者機會識別間的調節作用。基於上述分析，本書提出了如圖3-3所示的整體框架模型。在構建的概念模型基礎上，本研究將對各個相關要素之間的內在機制進行更深層次的探討，在下一節將提出本研究的研究假設。

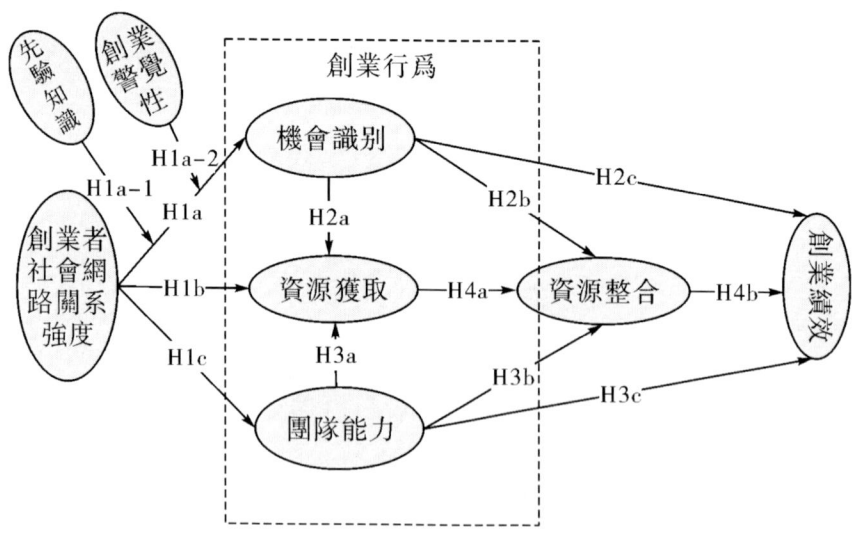

圖3-3　本研究的整體框架模型

3.2　研究假設

3.2.1　創業者社會網絡關係強度與機會識別的關係及假設

在前面的理論基礎和文獻評述中，著重介紹了對於社會網絡的相關理論與社會網絡結構的概念及維度。為了深入地研究創業者社會網絡關係強度與機會識別之間的內在機制，下面將深入地進行論述並構建相關假設。

1. 創業者社會網絡關係強度對機會識別的影響

Hills（1995）指出創業者的社會網絡對機會識別相當重要，而且通過實證檢驗，他發現擁有大量社會網絡的創業者與單獨行動的創業者在機會識別上有顯著的差異。調查研究表明，有廣泛網絡關係的創業者比那些單獨行動或與外界聯繫較少的創業者明顯能夠發現更多的創業機會。Birley（1985）進一步認為在機會培育期間，創業家利用網絡關係來獲得可利用的信息、好的建議、經營擔保、設備、土地和資金。他發現社會網絡是獲取創業機會信息的重要渠道，利用社會關係網絡是創業者識別機會的重要途徑。Aldrich 和 Zimmer（1986）將網絡理論引入創業過程的研究，研究表明創業主要依賴外部聯繫所提供的機會和資源，很多初始機會和資源都是在創業家社會網絡關係（例如家庭、朋友）中發現的。合適的社會網絡能為創業者提供商業機會以及提高高度不確定下的交易能力（Sexton、Bowman Upton，1991）。潛在的創業者在擴大他們的社交網絡面時，通過增加知識以識別更多的機會（Hills，1997）。社會網絡可以拓寬知識和信息獲取的邊界，這種知識可能直接成為機會（Simon，1976）。創業家花費大量的時間構建和維護個人社會網絡

是因為社會網絡能為創業家提供信息資源和各種支持，不同創業家的社會網絡所獲取信息存在差異，而這種差異很可能是某個企業競爭優勢的源泉（Birley，1996）。如前所述，信息儲存是創業家對機會進行認知的基礎，因此創業家的社會網絡影響其獲取信息，進而影響其對機會的識別。

儘管創業家社會網絡能夠促進創業機會的識別，但是創業家社會網絡結構差異對機會識別有不同的效果。國內外研究針對社會網絡結構差異對機會識別的影響進行了探討，如網絡規模、關係強度、網絡密度等對機會識別的影響（張玉利、等，2008）。其中，最為成熟的是社會網絡的關係強弱程度就創業者識別機會的影響研究，但是關係強度對機會識別的實證研究依然存在爭議。

根據Granovetter對關係強度維度的劃分，強關係意味著網絡成員間經常互動聯繫交換信息、保持著密切的聯繫。強關係通常發生在親人和朋友之間，並且互惠交換程度高，弱關係則相反，是一種比較鬆散的關係。

（1）弱關係社會網絡對機會識別的影響

Granovetter的弱連帶理論指出社會網絡成員間的弱關係是維繫人們在群體和組織之間的聯繫，弱關係是在性別、年齡、教育程度、職業身分、收入水準等社會經濟特徵不同的個體之間發展起來的（Granovetter，1973）。因此相比強關係，弱關係能夠跨越群體或組織去獲取信息或者其他資源，將原不屬於這個群體的信息帶給這個群體。在弱關係理論基礎上發展起來的結構洞理論以社會結構的位置關係來說明占據節點位置的行為者更具有信息優勢（Burt，1992）。結構洞在經濟社會網絡中發揮作用有兩種基本的方式：第一是信息獲取，第二是信息控制。弱關係網絡中更有可能存在結構洞，網絡成員發揮「橋」的作用，更可能獲取兩端的信息，獲取高異質性的信息。國外理論

研究通過弱關係社會網絡對信息獲取的影響機制說明了弱關係網絡有助於獲取低冗餘度的信息，進而使得創業者更好地識別機會。

機會識別是相互交流的結果或者社會網絡要素偶爾發生相互影響的結果（Julien、Vaghely，2001）。在創業機會識別中，偶然的弱聯繫帶來的信息起著重要作用（Reynolds，1991）。實證研究表明，創業機會的識別與創業者社會網絡中弱關係的聯繫數量正相關（Singh，1998、2000）。創業想法的產生經常需要創業者的個人技能和特長，個人的技能和特長則一定是從行業內部、業務領域、研究者、設計者以及仲介服務等網絡關係中獲得的，這些網絡都屬於弱關係網絡（Marchisio、Ravasi，2001）。多樣化的網絡能夠提供多樣化的信息來源。對於創業者來說，社會網絡能夠促進創新、擴散風險、提供競爭優勢、創造機會，有利於尋求信息、社會支持（Aldrich，1986）。

（2）強關係社會網絡對機會識別的影響

儘管在社會網絡研究領域，弱關係的「橋樑」作用和低冗餘度信息有助於機會識別的觀點得到理論和實務界大部分學者的認可，但是強關係主張者也通過他們的研究提出了相反的觀點。強關係意味著高情感程度，Singh（2000）認為強關係網絡能夠在成員之間建立起信任以及情感的聯繫。在強關係網絡中，人們更願意花時間來彼此提供信息或建議。渡邊深（1991）的東京調查和 Marsden 等（1988）對底特律調查資料的再分析也發現了強關係在社會流動中的重要作用。邊燕杰有關強關係的研究，提出在中國計劃經濟體制下強關係在其中扮演著比弱關係更為重要更為關鍵的角色（1997）。此外，Bian 和 Ang（1997）於 1994 年在一項關於中國和新加坡職業流動比較研究中發現，雖然這兩個國家的經濟和社會體制有很大的差異，但是兩國的多數求職者更多是通過強關係而非弱關係獲得新的工

作。邊燕杰認為中國社會的倫理文化、情感程度和信任程度對於社會網絡中信息的傳遞具有重要影響，網絡成員之間的交往頻率也是加深瞭解、增進感情和互相信任的方式。對於機會識別而言，強關係可以通過建立信任橋樑提高創業者機會識別能力（梁靜波，2007）。

此外，本書通過信任理論視角對此作一個梳理。關係必然帶來信任，信任是關係的重要構成。根據前面提到的相關信任理論文獻，信任可以分為特殊信任和普遍（一般）信任。一般而言，制度構建越完善的地方，即人們對社會規則、規範越尊重的地方，意味著違反制度所帶來的懲罰代價很高。在這種預期下，普遍信任成為可行，弱關係更易發揮其作用。這時，弱關係與普遍信任之間存在相互增強關係，即在弱關係更易發揮作用的地方，人們更推崇普遍信任；普遍信任能降低交易成本，低成本預期又進一步強化人們對制度的依賴。

反之，制度約束越弱的地方，人們對人情依賴超越了對規範依賴，意味著違反制度比遵守制度或許有更高的收益預期，這必然促使人們依賴特殊信任。在特殊信任背景下，強關係更易發揮作用。這時，與弱關係與普遍信任之間存在相互增強關係相仿，強關係與特殊信任之間也存在相互增強關係，即在強關係更易發揮作用的地方，人們更習慣於特殊信任；這時的特殊信任也能降低交易成本，低成本預期又進一步強化人們對人情的依賴而弱化對制度的依賴。

從上面的關係強度與信任之間的關係論述，並結合我們當前創業實踐，可以看出，目前強關係比弱關係在中國創業行為中扮演著更為關鍵的作用。基於以上分析，本書提出假設H1a。

H1a：創業者社會網絡關係強度與機會識別正相關。

2. 創業者先驗知識與創業警覺性的調節作用分析及假設

先驗知識來自個人過去的教育背景、工作經驗與生活經驗。

但是並非擁有較多市場知識、服務市場方式知識及顧客知識者，就一定能識別出較佳機會。例如許多具有充足專業知識與經驗的管理者或是國有企業的主管，由於缺乏創業的意願，並不會去注意外在環境之變化。也就是說，較低創業警覺性，使得識別機會的程度較低。

Shane（2003）指出，過去文獻中有兩類觀點探討創業家如何發掘、識別與利用機會。一是熊彼特（1934）的觀點。他認為新信息是解釋創業機會存在的重要因素，並指出技術、政治力量、總體經濟及社會等因素，都會創造新知識。創業家即利用這些新知識及新資源的組合加以創新。創業就是來自價格系統的改變，創業家可以找到最有效率的資源組合，來達到較有價值的產出。企業家通過創造性破壞，實現生產要素和生產條件的 5 種新組合，從而產生新信息，對這些新信息的掌握使企業家發現了市場環境中的創業機會。此外企業家獨有的創業精神也是發現創業機會的一個重要原因。二是 Kirzner（1973）的觀點。他則從個人層面出發，探討創業者個人的認知與警覺性。Kirzner 認為，創業機會是源於擁有創業警覺性的企業家發現了現有非均衡市場環境中被疏忽的或者由市場環境變化的信息，並通過採取套利性活動而實現。

這意味著，創業者的先驗知識和創業警覺性可能調節著創業者社會網絡關係強度與創業機會的作用關係。理由是儘管創業者能夠通過社會網絡獲取大量的信息和知識，但對信息和知識的轉化並識別出創業機會會由於個體的特質而有所差異。因為先驗知識的差異在很大的程度上影響個體對所得到的知識和信息的理解；同時，如果個體缺乏創業警覺性，就不會主動去探尋知識和信息裡面隱含的更有價值的隱性機會。基於以上的判斷，本研究進一步提出以下的假設。

H1a－1：創業者先驗知識正向調節創業者社會網絡關係強

度與創業機會識別的作用關係。

H1a-2：創業警覺性正向調節著創業者社會網絡關係強度與創業機會識別的作用關係。

3.2.2 創業者社會網絡關係強度對資源獲取、團隊協調能力的影響

1. 創業者社會網絡關係強度與資源獲取的關係及假設

Birley（1985）在考察創業者與外部環境網絡主體的互相作用時，發現非正式網絡和正式網絡均深深影響創業企業的發展。不同的網絡帶來不同資源，網絡的多元化增強了創業企業資源的可獲得性。Coleman（1988）認為社會關係網絡有利於發展網絡個體的信任關係並形成信任擴散，增加社會資本總量，對資源獲取有積極影響。創業者會利用社會網絡獲取外部資源。Gulati（1999）打破了資源限定在企業內部的限制，將資源觀延伸到網絡領域，提出了網絡資源的概念，認為資源「存在於企業間的網絡之中」，來源於「企業的獨特的歷史經驗」，成為「企業的有價值的信息源泉」。Elfring和Hulsink（2003）認為社會網絡對資源獲取非常重要，無論網絡是緊密還是稀疏，都會為創業者提供他所缺少的資源。社會網絡有利於改善自身資源基礎，獲取資源（保障性資源、稀有性資源）（Johannisson，1986；Hakansson，1987；Coleman，1988；Larson、Starr，1993；Starr、MacMillan，1990）；社會網絡有利於獲得信息、促進信息的擴散和傳播，促進了資金和其他資源的流動（Coleman，1988；Dollinger，1985；Aldrich、Zimmer，1986）。

企業網絡之間的資源互換在前面的資源依賴理論中有所涉及，本書主要從社會網絡出發來研究社會網絡對資源獲取的影響。社會網絡自身承載的資源影響到資源對企業戰略的支持水準。創業團隊成員的社會網絡為創業企業獲得更多的資源，改

善了企業自身的資源基礎，通過網絡擴展了信任關係，也促進了資源的流動。本書主要從社會網絡強度方面來研究其對資源獲取的影響。

　　社會網絡嵌入的關係資源和社會資源都是較好的槓桿資源。社會網絡對資源獲取的影響，主要是資源的外部獲取。但就目前從中國的創業實踐看，在獲取創業資源方面，較之弱關係，強關係扮演著更為重要的作用。例如在資源購買方面，如果借助於社會網絡，強關係在為企業提供財務支持的同時，還可以幫助創業企業以較低的成本購買某種資源。在資源交換方面，強關係的信任支持可以降低機會主義所產生的交易成本，保證了資源交換成功，同時強關係所帶來的信任更容易獲取一些非常稀缺的資源，特別是對於一些難於定價的但卻能提升組織競爭力的資源（Uzzi，1997）。在資源吸引方面，因創業企業缺乏聲譽和信用記錄，創業團隊成員與資源所有者之間的強關係讓資源所有者獲得更加完備的創業企業的信息，也為創業企業提供了信任支持，資源所有者更容易加盟或是投資。

　　王慶喜、寶貢敏（2007）指出，小企業主的社會網絡特別是其中的強關係是小企業獲取外部資源的重要通道。他們對小企業主社會網絡、企業資源獲取和企業成長績效三者關係進行了實證分析，研究結果表明小企業主社會關係越廣，則其獲取外部資源的可能性越大，企業成長所需要的資源就越有保證，企業成長績效就越好。曾一軍（2007）指出，社會網絡是新創企業生存與發展的一個環境要素。新創企業相對於成熟、大型的企業，缺乏信用資本，規模較小且資源稀少，更依賴於通過強關係與其他企業保持聯結及互動。因此，社會網絡特別是其中強關係的運用是中國新創企業獲取資源及創造競爭優勢的工具。

　　同時，Reagans 和 Zuckerman（2001）肯定了社會網絡中弱

關係的積極作用，認為弱關係有助於網絡成員分享和獲取多樣化的信息知識。Elfring（2002）對網絡內部強關係和弱關係進行了研究，其研究結果表明弱關係有利於傳播顯性信息知識，從而降低了信息的不對稱性，而強關係有利於隱性信息知識的交流。然而，在中國，基於特殊的人情和人際交往，創業團隊須透過鑲嵌在其人際關係間的強關係，才有可能獲取稀缺的難以定價的各種資源和隱性知識。此外，強關係還能夠給雙方帶來特殊信任，這種信任關係能夠降低提供資源的一方可能發生的機會主義行為，有利於創業團隊對資源的獲取。基於上述分析，本書提出假設H1b。

H1b：創業者社會網絡關係強度與資源獲取正相關。

2. 創業者社會網絡關係強度與團隊協調能力的關係及假設

Shuman（1990）指出創業團隊成員往往是從創業者的社會網絡中來，不少創業團隊是親戚、朋友、同學和同事組成的，創業團隊的成員間的關係是家庭關係、友誼關係或兩者兼有。作為團隊成員的重要來源，社會網絡對創業團隊協調能力的影響表現在以下幾方面：

（1）社會網絡影響創業團隊異質性，進而影響團隊協調能力。團隊異質性是指團隊成員個人特徵的分佈情況，即團隊成員在種族、國籍、性別、職能、能力、語言、宗教信仰、生活方式或者任期方面的差異（Bassett-Jones，2005）。有些學者更進一步地將團隊多樣化定義為團隊成員經驗或是知識方面的差異（Stasser，1987）。團隊異質性分為外部異質性和內部異質性。外部異質性是指種族、國籍、性別、職能、年齡等顯性的異質性，內部異質性是指信任、知識、經驗、個性特質等隱性的異質性。相比外部異質性，內部異質性對團隊的影響更顯著（Cunningham，2006）。關於團隊異質性對團隊協調影響的研究結果依然存在很大的爭議。團隊異質性會增加情感衝突

(Pelled、Eisenhardt、Xin，1999），減弱團隊內聚力（Pelled、Eisenhardt、Xin，1999），減緩決策速度（Hambrick、et al, 1996），提高成員離職率（O'Reilly、Caldwell、Barnett，1989）。同時有學者指出，團隊異質性與團隊協調並不矛盾，想法一定的團隊異質性下多樣化的心智模式，可以帶來高團隊績效，從而促進團隊的協調（Hambrick、Cho、Chen，1996）。

諸多研究結果表明，在中國，創業者個人社會網絡特別是強關係是尋找創業夥伴的重要途徑，例如家人、親戚、朋友、同事、同學校友等關係。社會網絡是創業團隊成員的來源，社會網絡的特徵很大程度上影響著創業團隊的特徵。社會網絡異質性越高，創業團隊成員異質性越高；社會網絡關係強度越弱，創業團隊異質性越高（O'Reilly、Williams、Barsade，1998）。

（2）社會網絡影響創業團隊成員之間的人際關係，進而影響團隊協調能力。Francis 和 Sandberg（2000）對團隊成員間的友誼與創業團隊的創業績效的關係作了研究，研究結果表明友誼關係與創業績效成正比。[①] 研究論證了在進行創業投資之前，如果創業團隊是基於友誼而組建的，則會帶來如下好處：一是高友誼（即靠強關係維持）團隊會以更快速度備齊創業團隊所需的相應職能；二是高友誼團隊更多地依靠內隱的心理契約而不是外顯的合同來開展創業活動；三是高友誼使得創業團隊的投資更多來自自有資金；四是高友誼導致好的團隊決策，因為此時團隊成員在團隊決策時有更大的參與度，故而在決策過程中很少有情感層面的衝突，有的話也更多是認知層面的衝突；五是高友誼使得團隊具有更強的穩定性，團隊成員離職率（Turnover）更低；六是高友誼導致較高的創業績效，並使得創業團隊

---

① 資料來源：楊俊輝，等. 國外創業團隊研究綜述. 科技管理研究，2009（4）：256－258.

在遇到困難時有更容易生存下來。由此可以看出，社會網絡的關係強度、以信任為基礎的網絡治理機制等對創業團隊的協調能力都有影響，進而影響績效。

（3）社會網絡影響創業團隊的人際互動，進而影響團隊協調能力。Lechler（2001）的研究表明諸如團隊的規模、層級、領導風格等結構特徵會影響團隊成員的社會人際互動，這些互動包括諸如溝通、協調、相互支持、規範、凝聚力和衝突解決等。作為創業團隊來源的重要渠道，社會網絡的關係、治理機制等將會作用於創業團隊，並影響創業團隊特徵的形成。基於上述分析，本書提出如下假設 H1c。

H1c：創業者社會網絡關係強度與創業團隊協調能力正相關。

3.2.3 機會識別對資源獲取、資源整合及績效的影響

1. 機會識別與資源獲取的關係及假設

資源基礎觀認為，企業能夠獲得持續的競爭優勢進而獲得超額利潤的最主要原因在於，企業擁有一系列有價值、稀缺、不可替代以及不易被競爭對手模仿的資源。資源的異質性和不可流動性構成了企業的核心資源能力。資源獲取是指企業或者個人通過某種方式獲得企業發展所必需的關鍵性資源。新創企業對資源獲取和配置對於企業的發展至關重要，特定資源的缺乏會限制和阻礙企業的發展。美國著名的創業管理專家 Timmons（1999）認為，成功的創業活動必須是機會、創業團隊和資源三大要素的匹配。他認為創業流程由創業機會啟動，在組成創業團隊後，就應該採取各種方式獲得創業所必需的資源，這樣整個創業計劃才能順利實施。

在創業的過程中，創業的核心是發現和開發機會並利用機會實施，資源是創業過程中不可或缺的要素，而創業團隊的任

務，就是根據機會的要求獲取核心資源進行創造性的整合，以產生新的價值。可見，創業者機會識別與資源獲取、資源整合有著密不可分的聯繫。基於上述分析，本書提出如下假設 H2a。

H2a：創業者機會識別與資源獲取正相關。

2. 機會識別與資源整合的關係及假設

「創業是創業者拓展資源整合能力的過程，為此必須發現機會、開發資源、形成契約，建立有計劃的生產經營機制。在此過程中，起決定性影響因素的是商業創意」（秦志華、劉豔萍，2009）。創業機會是指開創新事業的可能性，也就是一個人可以經由重新組合新資源來創造一個新的方法—目的（means-ends）的架構，並相信能由其獲得利潤之情形（Shane, 2003）。Timmons 在探討創業行為時，將機會更形象地解釋為商業計劃書。在商業計劃實施過程中，機會便融入創新產品或服務的全過程，機會的特徵便成為了產品和服務的特徵（Schumpete, 1934）。如何利用創業機會取決於創業機會的特徵（顏士梅、王重鳴，2008）。創業機會的識別就是創業的第一步，機會的差異決定了創業企業產品和服務的差異。為了利用機會實現產品和服務的創新，創業者在資源管理過程中必須考慮資源與機會的匹配和整合。機會與資源的關係是創業過程的利用創業機會的重要問題，利用的機會和獲取的資源需要匹配和整合才能實現創業成功。基於上述分析，本書提出如下假設 H2b。

H2b：創業者機會識別越強，則資源整合越有效率。

3. 機會識別與創業績效的關係及假設

大部分創業者都以失敗告終。例如中國早期 IT 業的先行者，至今仍活躍在市場上的寥寥無幾，說明創業過程中對創業機會要求非常高。Casson（1982）認為創業機會是那些新產品、服務、原材料和管理能夠被應用或者以高於其成本的價格出售的情況。他還指出：機會是實實在在的機會，而不是一些簡單

的主觀臆斷，簡言之，企業家創業的最終目的是利潤。如果對創業機會的推測是錯誤的，它將會給創業者帶來損失。Casson（1982）引用大量的文獻來說明，大部分創業之所以失敗，是因為創業者對他們所認為的「創業機會」看得太樂觀了。基於上述分析，本書提出如下假設 H2c。

H2c：創業者的機會識別與創業績效正相關。

3.2.4 團隊協調能力對資源獲取、資源整合及績效的影響

1. 創業團隊協調能力與資源獲取及資源整合的關係及假設

資源獲取理論綜述中已經提到，創業企業通過社會網絡獲得的資源主要有人力資源、社會資源、財務資源、物質資源、技術資源和組織資源（Greene、Brush、Hart），而趙西萍（2008）指出的團隊協調能力主要包括四個方面：團隊的組織和人際關係的協調能力、團隊成員間信息交流的協調能力、團隊整體與團隊成員目標的協調能力、團隊成員能力差異的協調能力。這四個方面的能力會在不同程度上影響到資源獲取。

Penrose（1959）認為企業是一個資源的集合體，而企業能力則是一組特定資源在完成一定任務或活動時所具有的能量，因而，能力不只是資源集合或資源束，而更體現為人與人之間、人與資源之間相互作用和相互協調的互動關係。Russo 和 Fouts（1997）將能力界定為企業具有的能夠集聚（assemble）、整合（integrate）和配置（deploy）有價值的資源以創造競爭優勢的能動性。從這個角度來說，能力可以被視為可重複的使用資源的行為範式，並且是企業具有的將輸入的資源轉化為更高價值的輸出產品或服務的能力。克里斯蒂森指出：「就本身而言，資源幾乎沒有生產能力」，生產能力是生產活動要求資源進行組合和協調而產生的。必須明了，企業能力，尤其是企業核心能力，是一種把各種可以從市場上買來的資源「在行動上組合起來並

引導它們為特定的生產目標服務」的整合能力、組合能力。王核成（2005）認為，資源著重強調其有形性，能力則著重強調其無形性。資源是靜態的，而能力是動態的。

但是靜態的資源因素無法直接為企業創造價值，而能力相對於靜態的資源因素來講，則是嵌入在企業的行為或規範當中，包括技能和流程等，是企業的各種資源間複雜交互和協同的結果，具有能激活蘊涵在資源中的價值的特性，是動態的因素。也就是說，資源是一個相對靜態的概念，是在某個時間截面上的反應；能力是一個相對動態的概念，是相對於要做的事情而言的，也只有在做事的過程中才能逐步顯現和發展起來。

Teece 等（1997）的動態能力框架將外部環境的動態性納入進來，將企業的動態能力界定為企業集聚、整合和配置內外部能力以應對快速變化的環境的能力，並進一步指出，企業競爭優勢來源於卓越的管理和過程、特定的資產位勢和企業演化的路徑依賴性。

可以這樣認為，對企業人力資源、以知識為本質的無形資源以及組織慣例等進行整合和運用，便產生了企業能力，而企業能力進一步作用於有形資源，便產生績效。通過對資源整合概念界定的回顧，我們可以看出，在資源整合的過程中，需要人的能動性和創造性對靜態的資源組合加以利用以形成動態的企業能力。人力資源的能動性和創造性是資源整合的關鍵因素。

團隊的協調能力也就是 Teece 等（1997）提到的動態能力，這種協調能力對於面臨複雜環境的創業企業來說尤其重要。首先，團隊協調能力作為團隊各項能力的基礎，影響著創業資源的資源整合過程。只有保證創業團隊成員充分協調、互動合作，才能保證創業資源整合的效率和效果。其次，人力資源也需要與物質資源等其他的創業資源匹配整合，創業團隊的人力資源與其他創業資源的整合是創業資源整合的環節之一。作為人力

資源的要素的創業團隊的協調能力影響著資源整合能力。

基於以上的分析，提出如下的假設：

H3a：創業團隊協調能力與資源獲取正相關。

H3b：創業團隊協調能力與資源整合正相關。

2. 創業團隊協調能力與創業績效的關係及假設

採用合夥或是團隊創業，有利於分擔創業風險，而且團隊成員之間由於專業知識和職業經驗能夠互補，因而提高了創業者面對動盪環境的駕馭能力，有助於控制經營風險。很多研究都表明，創業團隊的優劣與新創企業的成長潛力有著很強的聯繫，一個高質量的創業團隊是創業成功的必要條件。風險投資者會考核創業團隊的能力和素質，以此作為是否進行風險投資的一個決策依據。創業團隊自身的諸多特性會影響團隊的質量，從而影響新創企業的績效。Roure 和 Maidique（1986）在針對八家 1974 年投資設立的電子公司進行實證研究時發現，這些公司在爭取創業投資前的某些因素與公司未來的成敗可能有關。他們提出如下的假設：①新創企業的成功與創業團隊成員創業前曾在高成長公司工作過的人數比例呈正相關；②新創企業的成功與創業團隊在創業前曾擔任相同或類似職務的人數比例呈正相關；③新創企業的成功與創業團隊成員創業前的職業經驗呈正相關；④新創企業的成功與創業團隊的職能完整程度呈正相關；⑤新創企業的成功與創業者股權比例之間的關係呈倒 U 形。Kamm、Shuman、Seeger、Nurick（1990）認為創業團隊對於研究者和創業者的重要性在於創業團隊的普遍性以及它對公司創業績效的影響。Cooper 和 Daily（1977）曾得出結論：創業團隊是新創企業的核心。創業團隊創建的企業的績效往往優於單個創業者創建的企業。

在創業情境下，由於創業過程中的決策的複雜性和不確定性，創業團隊成員的觀點常會有分歧，使得創業團隊成員在互

動過程中難免會產生衝突（conflict）：一方感覺到其利益受到另一方的反對或是負面的影響（Wall、Callister，1995）。新創企業不僅面臨來自外部環境的不確定性，而且還會面臨創業團隊成員之間的信任和熟悉程度的差異所導致的創業團隊自身管理方式的不確定性（Blatt，2009）。不同於成熟的組織情境，在缺乏角色分工和溝通規範的條件下，創業團隊的溝通難以像高管團隊那樣遵循既定程序展開又尋求決策效率與效果的平衡（楊俊、等，2009）。因此，面對沖突，創業團隊是注重營造合作式衝突氛圍，還是注重營造對抗式衝突氛圍，或者是注重營造讓步式衝突氛圍，對新創企業的戰略選擇和決策均產生重要的影響。

　　國內學者楊俊等（2009）運用問卷調查法對天津市新技術企業進行隨機抽樣調查的實證研究發現：創業團隊的產業工作經驗差異越大，通過協調營造合作式的衝突氛圍，越有利於新創企業開發出面向顧客需求的創新性產品和服務，而戰略創新性又是改善新創企業績效的重要因素。Lechler（2001）認為團隊的異質性會影響團隊成員的協調和衝突解決，進而影響創業績效。創業團隊協調能夠減少成員間差異所導致的衝突帶來的負面影響（Campion，1996）。基於以上分析論述，本書提出假設 H3c。

　　H3c：創業團隊協調能力與創業績效正相關。

3.2.5　資源獲取、資源整合對創業績效的影響

1. 資源獲取與資源整合的關係

　　企業是由各種相協調相匹配的資源組成的有機聚合體，企業不僅是不同資源的集合，也是資源關係的集合。企業資源的數量和質量影響著企業資源潛力，企業的資源特性和潛力影響企業的資源整合，進而影響到企業績效。Barney（1991、1997）認為按照特定的標準和需要，將個別的資源、分散的資源、局

部的資源、內外部的資源與企業能力進行不同組合可以形成不同的核心競爭力，提高整體的核心競爭力。所獲取的資源與企業現有資源整合匹配，擴展資源的用途，提高資源的專用型，才能發揮競爭優勢，形成企業獨特的核心競爭力。Sirmon、Hitt和Ireland（2007）認為「資源的整合是資源獲取之後，將所獲取的資源進行聚合以形成能力的過程」。資源整合的核心就是平衡企業資源之間的動態配比關係，對資源進行有效地利用和配置。Sirmon、Hitt和Ireland（2007）將資源整合過程分為開拓創造過程（pioneering）、豐富細化過程（enriching）和穩定調整過程（stabilizing）三個過程。開拓創造過程是從要素市場獲取新資源，將其與已有的資源進行整合。在前面論述中，Penrose（1959）與Russo和Fouts（1997）等學者在企業能力方面也有類似觀點，這裡不再贅述。由此可見，資源獲取是開拓創造過程的主要任務。

資源整合是企業適應動態環境發展的需要，可以促進企業高效成長（Teece、et al, 1997）。資源獲取是企業資源整合的前提。無論企業發展是基於何種戰略，其前提都是必須獲取一定數量和質量的資源。資源獲取能力影響資源獲取的效率和效果，而後者又在一定程度上影響了企業資源整合的速度和效果。資源整合是一個長期的動態發展過程，資源整合的每個過程環環相扣，而資源獲取是其中的一個非常重要的構成。總之，資源獲取對資源整合的重要性不言而喻。

2. 資源獲取對資源整合的影響

創業企業資源的整合，包括歷史資源和新資源的整合、傳統資源和現代資源的整合、環境資源和要素資源的整合。資源獲取的方式影響到資源整合的不同方面，涉及企業文化、戰略等層面。無論是異質資源的搭配互補還是同質的資源的補充，都考驗著創業企業。

資源獲取的一個途徑就是內部累積。內部累積的資源凝聚了時間價值，與其他資源具有一致性，因此容易與現有的經營環境、政策保持一致性。內部資源累積包括單個資源的累積以及多項資源的互補性累積。累積的內部資源通過創造性的拼接、開發，提高了某些閒置資源的專用性，可見內部累積的資源是企業開發創造新資源的基礎。

外部獲取拓寬了資源的範圍，彌補了企業內部資源的不足。外部獲取因其獲取方式有差異，所獲得資源對資源整合有一定的影響。一般說來，購買來的資源因其獲取難度相對較小，通用性較強，可以很快地融入到企業生產經營環境中，企業進行資源整合相對較為容易。通過資源交換獲取的資源具有一定的局限性，而有些通過資源吸引方式獲取的資源常常會有一定的條件限制，從而增加了資源整合的難度。

企業處於一個系統環境中，需要從環境中獲取資源。外部獲取的資源因其獲取難度大，對企業的價值相對大一些。獲得的資源也為創業企業的戰略提供一定的支持，同時，豐富的資源可以應對動態環境中的風險。但是企業從外部不能獲得所有的資源，且從外部獲取的資源需要經過企業內部轉化，才能更好地適應企業，而轉化能力則是企業的資源整合能力的重要組成部分。基於以上分析，提出如下的假設：

H4a：創業者在創業過程中，資源獲取越豐富，資源整合能力越強。

3. 資源整合對創業績效的影響

在競爭日益激烈的市場環境下，Sirmon、Hitt 和 Ireland（2007）指出擁有異質性資源是企業獲取競爭優勢或進行價值創造的必要但非充分條件。為了創造價值，企業必須對資源獲取進行有效的整合和利用。Chandler 等（1994）指出新企業的初期規模與績效在很大程度上取決於創業者在創業過程中為新企

業創造的資源條件。即在創業過程中，創業者所整合的資源異質性越高，新企業的競爭優勢就越強，績效表現也就越好。國內學者劉曉敏和劉其智（2006）指出，在企業核心競爭力的研究中，稀缺和難以模仿的資源是企業保持核心競爭力的基礎；但只有經過獨特合理的配置和運用，才能形成企業的核心競爭力。基於以上分析，提出如下的假設：

H4b：創業者在創業過程中，資源整合能力與創業績效正相關。

3.2.6 假設歸納

本章在前人研究的理論基礎上，具體分析了創業者在創業初期社會網絡的關係強度、創業者機會識別、創業團隊協調能力、資源獲取、資源整合和創業績效這些相關要素之間的內在關係，探討創業者先驗知識和創業警覺性在創業者初期社會網絡的關係強度與創業者機會識別間的調節作用。基於以上分析，提出本研究的13條假設，歸納如表3-1所示。

表3-1　　　　　　　　本研究的假設歸納

假設	內容
H1a	創業者社會網絡關係強度與機會識別正相關
H1a-1	創業者先驗知識正向調節著創業者社會網絡關係強度與創業機會識別的作用關係
H1a-2	創業警覺性正向調節著創業者社會網絡關係強度與創業機會識別的作用關係
H1b	創業者社會網絡關係強度與資源獲取正相關
H1c	創業者社會網絡關係強度與創業團隊協調能力正相關
H2a	創業者機會識別與資源獲取正相關
H2b	創業者機會識別越強，資源整合越有效率

表3-1(續)

假設	內容
H2c	創業者的機會識別與創業績效正相關
H3a	創業團隊協調能力與資源獲取正相關
H3b	創業團隊協調能力與資源整合正相關
H3c	創業團隊協調能力與創業績效正相關
H4a	創業者在創業過程中,資源獲取越豐富,資源整合能力越強
H4b	創業者在創業過程中,資源整合能力與創業績效正相關

3.3　本章小結

　　本章致力於以下三個主要問題:界定本研究的主要概念;構建並解釋理論模型;提出假設。對主要概念進行準確界定能夠有效地區分社會現象,並能達到數據收集的目的;而理論模型的構建和研究假設的提出都是建立在第二章的理論和文獻綜述的基礎之上。本章的理論模型與研究假設,為下文的實證研究提供了堅實的基礎。

4 問卷設計與小樣本測試

本章的主要目的是在前述章節的研究假設和理論模型的基礎上，研究各個變量的測度，進行量表開發，為正式的大規模調查設計問卷，具體包括三部分：一是問卷設計的步驟；二是本研究各個變量的測量條款及其來源；三是對初始問卷預測及修正，主要是對測量量表進行信度檢驗，並根據統計分析結果對量表進行修訂，為大樣本調研提供正式問卷。

4.1 問卷設計步驟

根據本書的理論模型及其假設，本研究需要測量的變量主要有：創業者在創業初期社會網絡的關係強度、創業者機會識別、創業團隊協調能力、資源獲取、資源整合和創業績效等。問卷設計的步驟如下：

（1）國內外文獻檢索，尋找與本研究測量變量相關的量表。本研究選取量表的原則是沿用現有較成熟的量表。這是因為這些量表一般具有較高的信度和效度，而且量表經過大量反覆使用，已被學界認可。在沿用西方現有量表的時候，本研究根據Brislin（1980）的建議，採用回譯（back translation）的方法來

降低語言上的局限性。具體方法是，首先請本領域內的一名管理學博士對英文量表進行英翻中，然後再請一名精通英語的管理學博士將翻譯後的中文量表進行中翻英。兩位博士生共同研究在雙重翻譯中產生的差異，並進一步確認翻譯的準確性，以盡量減少在翻譯量表時存在的客觀障礙。

（2）檢驗量表的適用性。這主要有三個方面：檢驗樣本上的適用性、概念上的適用性和文化上的適用性。檢驗樣本上的適用性主要是審核該量表是否為本研究所關注的群體，例如本研究所測量的是社會網絡，其研究主體是針對本土創業者，所以在借鑑西方量表時，我們有必要修改它以與本土創業者特性相吻合。概念上的適用性是指其量表是否全面並準確測量研究者所需要測量的概念。文化上的適用性是指西方量表是否能夠被國內被調查者理解和接受。對於概念上和文化上的適用性，我們主要結合研究對象、中國文化及語言特點對量表進行修改。

（3）量表的修正。設計好初始量表後，為了保證問卷的內容效度，本研究邀請了組織管理、創業管理、社會學等領域的專家學者對初始的量表進行預測。在測試的過程中，我們要求專家們對每個概念提出自己的意見，檢查是否遺漏了一些反應概念內容的測量指標，是否包含了與概念內容無關的指標。在檢查的過程中，我們刪除了不能反應概念實質、容易引起誤解、影響測量質量的題項。我們在發放問卷之前，還請了 MBA 和 EMBA 班的學生對問卷進行反覆討論，以確保每個題型表達簡潔且沒有歧義。這個過程主要包括：①檢查問卷是否包含了專業性過強而影響理解的題型，如果有，進行修正，保證每個題項易於理解；②檢查問卷是否保證了「一題一意」；③測試問卷完成的時間，對問卷的長度進行有效的控制。

模型中的潛在變量及對應的觀測變量，以及與觀測變量對應的調查問卷上的題項，共同構成本調查的測量體系。對於主

觀評價的變量，本研究統一採用Likert7點式量表，反應分別為完全不符合、基本不符合、有點不符合、不能肯定、有點符合、基本符合、完全符合，對應的值分別為1、2、3、4、5、6、7。

4.2 變量的度量指標

4.2.1 創業者創業初期社會網絡變量測量

在測量創業者創業初期社會關係網絡關係強度時，本研究採取傳統的測量方法——提名生成法。提名生成法的具體做法是根據研究的要求，讓每個被訪者提供自己的社會網絡成員的姓名、個人特徵以及這些成員的相互關係等信息。具體操作思路是：根據本研究的需要，要求被調查者回憶，在企業的創業初期，被調查者的社會關係網絡成員中對其識別機會、資源獲取及團隊構建影響最大的三個人，並分別回答該網絡成員之間的關係特徵。這種研究方法得到了相當廣泛的應用，已經形成了一套成熟的指標體系和方法，被證明具有較高的信度和效度（楊俊，2009）。關係強度，是指創業者與網絡成員之間的關係親疏程度。本研究採用多重指標的方法來測量關係強度，量表參考自楊俊等（2009）的研究。結合本書的研究和需要，對問卷測量條款加以修改。創業者創業初期社會網絡關係強度有九個度量指標，如下表4-1所示。對這九個題項都採用Likert 7級指標測量法，具體的測量方法詳見附錄。

表4-1　　　　創業者社會網絡關係強度測量條款

條款編號	條款描述
RE1	在您獲取這個創業商機之前，您和他的親密程度
RE2	在您構建該企業的創業團隊之前，您和他的親密程度
RE3	在您計劃獲取創業資源之前，您和他的親密程度
RE4	在您獲取這個創業商機之前，您和他的信任程度
RE5	在您構建該企業的創業團隊之前，您和他的信任程度
RE6	在您計劃獲取創業資源之前，您和他的信任程度
RE7	在您獲取這個創業商機之前，您和他的熟悉程度
RE8	在您構建該企業的創業團隊之前，您和他的熟悉程度
RE9	在您計劃獲取創業資源之前，您和他的熟悉程度

4.2.2　創業者機會識別、創業警覺性及先驗知識的度量

1. 創業者機會識別的度量

在本研究中，創業者創業機會識別的量表主要參考Chandler和Jansen（1992）、Chandler和Hanks（1994）、Hills等（1997）、Hills和Shrader（1998）、Ozgen（2003）等學者對機會識別的測量條款，結合本書的研究需要，對問卷測量條款加以修改。機會識別有五個度量指標，如下表4-2所示。對這五個題項都採用Likert 7級指標測量法，具體的測量方法見附錄。

表4-2　　　　　　機會識別測量條款

條款編號	條款描述
OP1	在一個之前沒有經歷過的行業中，我也能識別商業機會
OP2	我能準確地察覺到尚未滿足的客戶需求
OP3	過去的時間裡，我所識別出的各商業之間相關程度低
OP4	在日常活動中，我發現身邊潛在機會的數量增加
OP5	我知道，發現好機會要專注特定的產業或市場

2. 創業者創業警覺性的度量

Kirzner（1973、1979、1997）是首先使用「alertness」這個名詞來解釋創業機會認知的學者，警覺性指的是個人能注意到過去被別人所忽略之機會的能力，也就是對於目前可獲得機會的敏感性態度。後續學者大多延續採用這個名詞。而 Ray 和 Cardozo（1996）則以創業意識（awareness）來強調對於信息之警覺性，也就是個人對於環境中重要的目標、事件信息的敏感能力，尤其特別能注意到市場上的供需問題及新資源組合之狀況等。因此創業警覺性包含了對開創新事業的意願與能力，也就是說具備高度創業傾向及對於外在環境有敏銳度的人，其創業警覺性相對較高。

在本研究中，創業警覺性的量表主要參考自 Li（2004）等的研究。結合本書的研究和需要，對問卷測量條款加以修改。創業者創業警覺性有八個度量指標，如下表 4－3 所示。對這八個題項都採用 Likert 7 級指標測量法，具體的測量方法見附錄。

表 4－3　　　　　　　　創業者警覺性測量條款

條款編號	條款描述
AL1	我總是非常願意傾聽別人的意見
AL2	我富有打聽技巧，並擅長鼓勵別人表達自己的觀點
AL3	我認為一旦失去了某些機會，以後就很難再獲得同樣的機會
AL4	我的成功很大程度上是因為我敢於創新和富有冒險精神
AL5	我從朋友那裡獲得負面意見時，總是感覺他們不理解我的處境，他們的意見大多具有片面性
AL6	今天對我比較遙遠或者新鮮的事物，明天就可能降臨到我身上
AL7	當我大腦出現創意時，我很快會進行思考並採取行動
AL8	我喜歡用不同的方法對某一事物進行思考和表達

3. 創業者先驗知識的度量

如文獻綜述部分所述，先驗知識之概念，可借 Shane 和 Venkataraman（2000）及 Shane（2000）所提出的知識信道（knowledge corridors）來說明。由於擁有不同的信息存量，每個人基於各自的背景與經歷會得到不同的心智模式（mental schemas），因此可提供創業家認知新知識之框架。先驗知識包括已有知識沉澱以及對知識的吸收轉化能力兩個層面的含義。創業家可利用過去知識與新知識的組合來找出新機會。

在本研究中，先驗知識的量表本書參考了 Sigrist（1999）提出的知識兩維度模型以及苗青（2006）使用的量表。結合本書的研究和需要，對問卷測量條款加以修改。創業者先驗知識有五個度量指標，如表 4-4 所示。對這五個題項都採用 Likert 7 級指標測量法，具體的測量方法見附錄。

表 4-4　　　　創業者先驗知識測量條款

條款編號	條款描述
KN1	我對關注的領域充滿好奇和興趣
KN2	我投入大量的時間來學習產品的前沿和動態
KN3	我不斷培養自己的綜合能力來獲取感興趣領域的相關知識
KN4	通過一定的累積，我對該行業的市場環境具備了足夠的知識和經驗
KN5	通過一定的累積，我對該行業的顧客需求具備了足夠的知識和經驗

4.2.3　創業團隊協調能力的度量

與企業正常經營活動相比，創業活動面臨著更大的風險和不確定性，加之自身資源有限及管理模式的不成熟等原因，新

創企業抵禦風險的能力通常比較低。因此，在如此複雜的環境下，要單憑一個人的力量成功創業是很困難的。越來越多的創業活動是基於一個團隊而不是單個個體，過去的許多研究也表明團隊創業的績效要優於個體創業（Francis、Sandberg, 2000；Reihc, 1987；Feeser、Willard, 1990；CoPoer、Burno, 1977）。

在本研究中，關於創業團隊協調能力，本書參考了廖川億（1996）、趙西萍（2003）等國內學者關於團隊能力的觀點。結合本書的研究和需要，創業團隊協調能力有五個度量指標，如表4-5所示。對這五個題項都採用 Likert 7 級指標測量法，具體的測量方法見附錄。

表4-5　　　創業團隊協調能力的測量條款

條款編號	條款描述
T1	您覺得您能夠很好地協調團隊成員之間的關係
T2	您覺得團隊成員之間經常能夠共享信息
T3	您會主動向與自己專業背景差異大的團隊成員學習
T4	您會主動選擇與您專業知識能力差異較大的團隊成員做搭檔
T5	您覺得您善於協調工作上的衝突和分歧

4.2.4　資源獲取及資源整合的度量

1. 資源獲取的度量

新創企業肯定要受到其初始資源禀賦的制約，但要把資源吸引到一個初創企業中，這對創業者及其團隊而言，是很大的挑戰。資源獲取的效果一是取決於創業者及其團隊的能力，二是還依賴於新進資源跟企業原有資源的匹配程度。

在本研究中，資源獲取的度量本書參考了國內學者馬鴻佳（2008）的量表，結合本書的研究和需要，對問卷測量條款加以

修改。資源獲取有六個度量指標，如表 4-6 所示。對這六個題項都採用 Likert 7 級指標測量法，具體的測量方法見附錄。

表 4-6　　　　　　　　資源獲取的測量條款

條款編號	條款描述
RA1	公司能獲得所需數量的資金、技術和人才
RA2	公司能獲得所需數量的知識和信息
RA3	公司能夠從不同渠道獲得所需數量的資金、技術和人才
RA4	公司能夠從不同渠道獲得所需數量的知識和信息
RA5	與競爭對手相比，您對目前公司可利用資源的專用性是滿意的
RA6	新獲取的資源與企業原有資源是匹配的

2. 資源整合的度量

創業資源的利用效率在很大程度上依賴於新創企業對創業資源的整合。創業資源的整合指將已獲取的外部資源與企業自有資源進行有效地融合，這有助於企業更好地適應環境（Zahra、et al, 2002）。Todorova 和 Durisin（2007）認為創業資源整合是企業一項重要的能力，有助於提高創業資源的利用效率。

本研究在資源整合的度量上參考了國內學者馬鴻佳（2008）的量表，並結合本書的研究和需要，對問卷測量條款加以修改。資源獲取有六個度量指標，如表 4-7 所示。對這六個題項都採用 Likert 7 級指標測量法，具體的測量方法見附錄。

表 4-7　　　　　　　　資源整合的測量條款

條款編號	條款描述
RI1	公司能夠組合現有資源
RI2	公司能夠將現有資源與企業新獲取的資源組合在一起
RI3	公司能夠對企業的資源組合進行有效的調整

表4-7(續)

條款編號	條款描述
RI4	公司能夠高效率地利用資源，企業不存在重複配置資源的問題
RI5	公司新獲取的資源提高了企業的運行效率
RI6	公司中團隊或部門之間的資源是共享的

4.2.5 創業績效的度量

創業績效可以從不同的角度來認識，而且會受到企業成長週期的影響。學術界和企業界普遍採用財務績效（EPS、淨利潤等）、作業績效（市場佔有率、行銷策略、生產效率等）、組織效能（組織利益相關者的滿意程度）來衡量一個組織的績效。考慮到創業期創業活動的特點，本書衡量組織績效參考了林義屏（2001），謝洪明、劉常勇和陳春輝（2006）的研究，根據Steers（1975）的建議採用多重而非單一因素（變量）的自評方式來衡量創業績效。創業績效有七個度量指標，如表4-8所示。對這七個題項都採用Likert 7級指標測量法，具體的測量方法見附錄。

表4-8　　　　　創業績效的測量條款

條款編號	條款描述
PER1	市場佔有率
PER2	銷售利潤率
PER3	業務範圍
PER4	員工滿意度
PER5	客戶滿意度
PER6	組織創新性
PER7	企業聲譽

4.2.6 控制變量的測量

本研究選取的控制變量包括創業者的性別、年齡、學歷、工作經歷、工作年限。控制變量的測量採取單項選擇方法。其中創業者性別為：男或女。創業者年齡為：25歲以下、26~34歲、35~44歲、45歲以上。教育水準本書根據研究需要劃分為五個階段：中學及以下、中專/大專、本科、碩士、博士。創業者工作經歷分為五個水準：1年以下、1~2年、3~5年、6~10年、10年以上。

4.3 小樣本測試與探索性因子分析

在進行大樣本調查之前，本書首先進行小樣本預試，對初始問卷的有效性進行分析，通過統計分析方法對各個潛在變量的測量題項進行修改。經過小樣本測試和修改，確保正式問卷的質量。小樣本測試的問卷調查的對象為EMBA班和MBA班的學生。一個是西南財經大學的EMBA培訓班，筆者到現場發放和收集，這樣能夠讓被調查者面對面地指導填寫問卷，共收回有效問卷30份。另一個是四川大學MBA的培訓班，共收回有效問卷30份。調查對象大多是具有創業經歷或者屬於創業團隊的核心人員，基本上符合本研究的研究對象。其中，男性38人，女性22人。

4.3.1 潛在變量測量的有效性分析

在使用正式問卷進行大樣本調查之前，為了提高研究的信度和效度，這裡首先需要對初始問卷進行檢驗。主要檢驗內容如下：

1. 量表淨化及探索性因子分析（EFA）

在統計學的研究中，效度是指測量的正確性，即量表是否能夠測量到研究者所要測量之潛在概念。效度主要包括表面效度（face validity）、內容效度（content validity）、效標關聯效度（criterion-related validity）以及構念效度（construct validity）等。由於本書研究的潛在變量及各個測量項目均根據文獻探討、前人研究結果所得，並運用成熟的量表來進行測量研究，因此本研究的量表具有較高的表面效度和內容效度。本研究重點檢驗量表的構念效度以及效標關聯效度。效標關聯效度本書在第六章運用結構方程模型的路徑模型進行檢驗。在這裡，我們重點檢驗構念效度所包含的收斂效度和區分效度。

收斂效度用來檢測相同概念裡的題項之間的相關度，系數越高越理想。Gerbing 和 Anderson（1988）指出，測量指標的單一維度性是測量理論中的一個最為基本和關鍵的假設。Churehill（1979）強調，在進行因子分析前要淨化和刪除「垃圾測量條款」（garbag eitems）。在進行因子分析時，為了避免多維度的結果，應該淨化測量條款。本研究採用題項與量表的相關係數（corrected item-total correlation，CITC）指標來淨化測量項目，以此來提高收斂效度，CITC 反應了維度的內部結構，如 CITC 指數小於 0.5 則刪除該條款（楊志蓉，2006）。盧紋岱（2002）則認為 0.3 也符合研究的要求。本書採用 0.6 作為參考標準。

區別效度可用來檢測不同概念裡的題項，對於彼此之間的相關度而言，系數越低越理想。本書在這裡採用探索性因子分析（exploratory factory analysis，EFA）來評價區分效度，待到正式大樣本調查的時候，再採用驗證性因子繼續檢驗各個潛在變量的區分效度。通過 EFA 分析計算出測量條款的因子載荷後，我們可以發現與測量內容沒有關係的指標（如因子載荷很低）。根據這些信息，我們可以剔除應該被刪除的指標。一般來說，

EFA 主要利用主成分分析法（principal components），採用方差最大正交旋轉法，並選取特徵值大於 1 作為因子提取標準。

在進行因子分析之前，我們需要對各個變量進行 KMO 和巴特利（Bartlett）球形檢驗，看其是否適合做因子分析。一般認為：KMO 在 0.9 以上，非常適合；0.8～0.9，很適合；0.7～0.8，適合；0.6～0.7，不太適合；0.5 以下，不適合。Bartlett 球形檢驗值應在 0.05 以內的顯著性水準。

2. 信度評價

信度是指測量結果免受誤差影響的程度，包括再測信度、等值信度和折半信度。我們一般用信度來評價測量結果的一致性、穩定性及可靠性。問卷調查中最常用的評價指標是針對 Likert 式量表開發的 Cronbach's α 係數。在實際應用中，一般要求 Cronbach's α 的值至少要大於 0.7。本書採用 0.7 作為參考標準。

4.3.2 創業者社會網絡關係強度量表淨化與 EFA 分析

創業者社會網絡關係強度量表的有效性分析見表 4-9 及表 4-10。可以得知，量表測量條款的 CITC 值比較高，均達到 0.6 以上，整個量表的 Cronbach's α 的值為 0.904，達到了 0.7 的水準。Bartlett's 檢驗卡方值的顯著性概率為 0.000，KMO 值為 0.860，表明適合進行探索性因子分析。因子分析結果如表 4-10 所示，創業者社會網絡關係強度量表的每一測量條款的因子載荷都在 0.7 以上，因子被解釋的方差累計比例（Cumulative% of Variance）為 69.11%，超過 50%。這說明，創業者社會網絡關係強度量表 9 個測量條款反應的是同一個潛在變量。

表 4-9　　關係強度量表的 CITC 和信度分析

測量條款	CITC	Cronbach's α if Item Deleted	Cronbach's α
RE1	0.617	0.898	0.904
RE2	0.658	0.896	
RE3	0.642	0.897	
RE4	0.745	0.889	
RE5	0.759	0.887	
RE6	0.623	0.898	
RE7	0.656	0.895	
RE8	0.710	0.892	
RE9	0.710	0.892	

表 4-10　　關係強度量表的因子分析

測量條款	loading
RE1	0.773
RE2	0.748
RE3	0.730
RE4	0.822
RE5	0.797
RE6	0.723
RE7	0.755
RE8	0.829
RE9	0.824
KMO	0.860
Bartlett's 檢驗卡方值	88.51
Sig.	0.000
特徵值	5.320
Cumulative% of Variance	69.11%

4.3.3 機會識別、創業警覺性及先驗知識的量表淨化與 EFA 分析

1. 創業者機會識別量表的淨化與 EFA 分析

創業者機會識別量表的有效性分析見表 4－11 及表 4－12。可以得知，量表測量條款的 CITC 值比較高，均達到 0.681 以上，整個量表的 Cronbach's α 的值為 0.861，達到了 0.7 的水準。Bartlett's 檢驗卡方值的顯著性概率為 0.000，KMO 值為 0.853，表明適合進行探索性因子分析。因子分析結果見表 4－12，機會識別的每一測量條款的因子載荷都在 0.710 以上，因子被解釋的方差累計比例（Cumulative% of Variance）為 65.14%，超過 50%。這說明，創業者機會識別量表 5 個測量條款反應的是同一個潛在變量。

表 4－11　機會識別量表的 CITC 和信度分析

測量條款	CITC	Cronbach's α if Item Deleted	Cronbach's α
OP1	0.691	0.853	
OP2	0.714	0.823	
OP3	0.681	0.831	0.861
OP4	0.685	0.830	
OP5	0.723	0.820	

表 4－12　機會識別量表的因子分析

測量條款	loading
OP1	0.710
OP2	0.857
OP3	0.831
OP4	0.798
OP5	0.832
KMO	0.853

表4-12(續)

測量條款	loading
Bartlett's 檢驗卡方值	68.53
Sig.	0.000
特徵值	3.257
Cumulative% of Variance	65.14%

2. 創業者創業警覺性量表淨化與 EFA 分析

創業者創業警覺性量表的有效性分析見表4-13和4-14。從表4-13可以得知，AL4和AL6的CITC值均小於0.6，因此本書刪除該兩個題項，使得Cronbach's α從原先的0.774上升到0.866。刪除AL4和AL6後，Bartlett's檢驗卡方值的顯著性概率為0.000，KMO值為0.792，表明適合進行探索性因子分析。因子分析結果如表4-14所示，機會識別的每一測量條款的因子載荷（loading）都在0.7以上，因子被解釋的方差累計比例（Cumulative% of Variance）為61.358%，超過50%，創業者創業警覺性量表6個測量條款反應的是同一個潛在變量。

表4-13　創業警覺性量表的 CITC 和信度分析

測量條款	CITC1	CITC2	Cronbach's α if Item Deleted	Cronbach's α
AL1	0.601	0.655	0.845	
AL2	0.655	0.689	0.838	
AL3	0.610	0.755	0.883	
AL4	0.462	刪除	—	α2 = 0.866
AL5	0.731	0.761	0.825	α1 = 0.774
AL6	0.483	刪除	—	
AL7	0.763	0.826	0.833	
AL8	0.661	0.713	0.834	

表 4-14　創業警覺性量表的因子分析

測量條款	loading
AL1	0.757
AL2	0.759
AL3	0.710
AL5	0.722
AL7	0.830
AL8	0.774
KMO	0.792
Bartlett's 檢驗卡方值	47.858
Sig.	0.000
特徵值	3.081
Cumulative% of Variance	61.358%

3. 創業者先驗知識量表淨化與 EFA 分析

創業者先驗知識量表的有效性分析見表 4-15 和表 4-16。從表 4-15 中，可以得知，量表測量條款的 CITC 值比較高，均大於 0.6。整個量表的 Cronbach's α 的值為 0.837，達到了 0.7 的水準。Bartlett's 檢驗卡方值顯著性概率為 0.000，KMO 值為 0.833，表明適合進行探索性因子分析。因子分析結果如表 4-16 所示，創業者先驗知識的每一測量條款的因子載荷（loading）都在 0.7 以上，因子被解釋的方差累計比例（Cumulative%

表 4-15　創業者先驗知識量表的 CITC 和信度分析

測量條款	CITC	Cronbach's α if item deleted	Cronbach's α
KN1	0.682	0.791	
KN2	0.689	0.820	
KN3	0.661	0.797	0.837
KN4	0.654	0.799	
KN5	0.622	0.811	

表 4 - 16　　創業者先驗知識量表的因子分析

測量條款	loading
KN1	0.790
KN2	0.720
KN3	0.802
KN4	0.777
KN5	0.780
KMO	0.833
Bartlett's 檢驗卡方值	41.895
Sig.	0.000
特徵值	2.954
Cumulative% of Variance	59.086%

of Variance）為 59.086%，超過 50%。這說明，創業者先驗知識量表 5 個測量條款反應的是同一個潛在變量。

4.3.4　創業團隊協調能力量表淨化與 EFA 分析

創業團隊協調能力量表的有效性分析見表 4 - 17 及表 4 - 18。從表 4 - 17 中，可以得知，量表測量條款的 CITC 值比較高，均大於 0.6。整個量表的 Cronbach's α 的值為 0.896，達到了 0.7 的水準。Bartlett's 檢驗卡方值顯著性概率為 0.000，KMO 值為 0.842，表明適合進行探索性因子分析。因子分析結果如表 4 - 18 所示，創業團隊能力的每一測量條款的因子載荷（loading）都在 0.7 以上，因子被解釋的方差累計比例（Cumulative% of Variance）為 67.437%，超過 50%。這說明，創業團隊能力量表 5 個測量條款反應的是同一個潛在變量。

表 4-17 創業團隊協調能力量表的 CITC 和信度分析

測量條款	CITC	Cronbach's α if Item Deleted	Cronbach's α
T1	0.721	0.879	
T2	0.631	0.901	
T3	0.812	0.861	0.896
T4	0.808	0.859	
T5	0.773	0.868	

表 4-18 創業團隊協調能力量表的因子分析

測量條款	loading
T1	0.793
T2	0.737
T3	0.876
T4	0.853
T5	0.840
KMO	0.842
Bartlett's 檢驗卡方值	31.04
Sig.	0.000
特徵值	3.374
Cumulative% of Variance	67.437%

4.3.5 資源獲取及資源整合量表淨化與 EFA 分析

1. 資源獲取量表淨化與 EFA 分析

資源獲取量表的有效性分析見表 4-19 及 4-20。從表 4-19 中，可以得知，量表測量條款的 CITC 值比較高，均大於 0.6。整個量表的 Cronbach's α 的值為 0.933，達到了 0.7 的水準。Bartlett's 檢驗卡方值顯著性概率為 0.000，KMO 值為 0.879，表明適合進行探索性因子分析。因子分析結果如表 4-20 所示，資源獲取的每一測量條款的因子載荷（loading）都在 0.7 以上，因子被解釋的方差累計比例（Cumulative% of Variance）為

72.790%，超過50%。這說明，資源獲取量表5個測量條款反應的是同一個潛在變量。

表4-19　資源獲取量表的CITC和信度分析

測量條款	CITC	Cronbach's α if Item Deleted	Cronbach's α
RA1	0.778	0.924	0.933
RA2	0.839	0.916	
RA3	0.805	0.920	
RA4	0.858	0.914	
RA5	0.719	0.931	
RA6	0.817	0.919	

表4-20　資源獲取量表的因子分析

測量條款	loading
RA1	0.848
RA2	0.897
RA3	0.855
RA4	0.887
RA5	0.774
RA6	0.852
KMO	0.879
Bartlett's 檢驗卡方值	73.882
Sig.	0.000
特徵值	4.367
Cumulative% of Variance	72.790%

2. 資源整合量表淨化與EFA分析

資源整合量表的有效性分析見表4-21及表4-22。從表4-21中，可以得知，量表測量條款的CITC值比較高，均大於0.6。整個量表的Cronbach's α的值為0.918，達到了0.7的水準。Bartlett's檢驗卡方值顯著性概率為0.000，KMO值為0.867，表明適合進行探索性因子分析。因子分析結果如表4-22所示，

資源整合量表的每一測量條款的因子載荷（loading）都在 0.7 以上，因子被解釋的方差累計比例（Cumulative% of Variance）為 67.213%，超過 50%。這說明，資源整合量表 6 個測量條款反應的是同一個潛在變量。

表 4－21　　資源整合量表的 CITC 和信度分析

測量條款	CITC	Cronbach's α if Item Deleted	Cronbach's α
RI1	0.778	0.902	
RI2	0.797	0.900	
RI3	0.834	0.894	0.918
RI4	0.752	0.906	
RI5	0.752	0.907	
RI6	0.701	0.913	

表 4－22　　資源整合量表的因子分析

測量條款	loading
RA1	0.848
RA2	0.851
RA3	0.890
RA4	0.763
RA5	0.802
RA6	0.756
KMO	0.867
Bartlett's 檢驗卡方值	52.674
Sig.	0.000
特徵值	4.033
Cumulative% of Variance	67.213%

4.3.6　創業績效量表淨化與 EFA 分析

創業績效量表的有效性分析見表 4－23 及表 4－24。從表 4－23 中，可以得知，量表測量條款的 CITC 值比較高，均大於

0.6。整個量表的 Cronbach's α 的值為 0.862，達到了 0.7 的水準。Bartlett's 檢驗卡方值顯著性概率為 0.000，KMO 值為 0.800，表明適合進行探索性因子分析。因子分析結果如表 4-24 所示，創業績效的每一測量條款的因子載荷（loading）都在 0.7 以上，因子被解釋的方差累計比例（Cumulative% of Variance）為 63.545%，超過 50%。這說明，創業績效量表中的 7 個測量條款反應的是同一個潛在變量。

表 4-23　創業績效量表的 CITC 和信度分析

測量條款	CITC	Cronbach's α if Item Deleted	Cronbach's α
PER1	0.635	0.842	0.862
PER2	0.608	0.845	
PER3	0.552	0.857	
PER4	0.753	0.826	
PER5	0.672	0.850	
PER6	0.639	0.841	
PER7	0.684	0.835	

表 4-24　創業績效量表的因子分析

測量條款	loading
PER1	0.770
PER2	0.717
PER3	0.805
PER4	0.779
PER5	0.745
PER6	0.808
PER7	0.735
KMO	0.800
Bartlett's 檢驗卡方值	56.451
Sig.	0.000
特徵值	3.538
Cumulative% of Variance	63.545%

4.4　本章小結

　　本章開發了問卷：首先闡述了問卷設計的步驟；其次對本研究中各個變量的測量條款及其來源做了詳細的說明；最後進行了小樣本預試與探索性因子分析，通過統計分析的結果對本研究的量表進行了淨化和修正。經過分析，得出本研究的量表具有良好的信度和效度，可以為大樣本調研提供正式問卷。

5 大樣本調查與量表質量檢驗

5.1 樣本與數據收集

　　本研究採用問卷調查的方法收集樣本。樣本選取的標準為：①新創企業或者民營企業；②企業員工在20人以上；③調查對象均為四川省內企業。樣本的選擇方式有：①根據四川省成都市、德陽市等的企業黃頁隨機抽取樣本企業，通過這種方式共發放問卷200份。②在西南財經大學各個學院的校友錄中選取職務為董事長或者總經理的校友為樣本。倘若該校友為自主創業，則通過各種方式取得聯繫進行問卷調查，通過這種方式發放問卷150份。③通過各種關係，走訪企業，對創業家和高層管理人員現場發放和回收問卷，通過這種方式發放問卷100份；④結合郵寄問卷和電子形式等方式進行問卷調查。共發放問卷450份，回收253份，問卷回收率為56.2%。

　　本研究經過以下的程序，對回收的問卷進行初步篩選：

　　（1）對於答題者忽視一些重要選項的問卷和關鍵項，本研究予以別除。

　　（2）本問卷有一處可以檢測答題者是否認真回答問卷：在公司的基本情況中有提問，公司成立的年數；在個人背景信息

中有提問，在本公司工作的年數；若答題者在這兩道題中回答有邏輯錯誤，本研究予以剔除。

（3）對有亂碼的電子問卷予以剔除。

最後，我們得到有效問卷 207 份，占回收問卷的 81.8%，占總發放問卷的 46.0%。

5.2 樣本描述性統計

5.2.1 創業者個體特徵統計

1. 樣本描述性統計

本次調研的創業者個人背景結構，如表 5-1 所示。其中男性占絕大多數，為 78.3%，女性為 21.7%；被調查者年齡大部分都處在 35~44 歲（占 73.4%），工作經驗為 6~10 年的為 27.1%；工作經驗 10 年以上的為 60.4%，創業者的教育背景在本科以下（含）的占 89.9%。

表 5-1　創業者個人背景描述統計表（N=207）

題項	選項	頻數	占比
性別	男	162	78.30%
	女	45	21.70%
年齡	25 歲以下	6	2.90%
	26~34 歲	25	12.10%
	35~44 歲	152	73.40%
	45 歲以上	24	11.60%

表5-1(續)

題項	選項	頻數	占比
教育背景	中學及中專以下	49	23.70%
	大專	75	36.20%
	本科	62	30.00%
	碩士以上	21	10.10%
工作經驗	1～2年	3	1.40%
	3～5年	23	11.10%
	6～9年	56	27.10%
	10年以上	125	60.40%

5.2.2 樣本企業分佈情況統計

本次調研的樣本分佈情況如表5-2所示，公司創立年數在5年以下的占多數，為71.0%，其中3～5年占47.3%，1～2年占19.8%，1年以下占3.9%；員工人數在100人以下的占了多數，為66.7%。從公司的創立年數和員工人數來看，可以得知，

表5-2 樣本企業分佈情況描述統計表（N=207）

題項	選項	頻數	占比	題項	分類	選項	頻數	占比
公司創立年限	1年以下	8	3.90%	產業	高科技企業	半導體產業	7	3.40%
	1～2年	41	19.80%			計算機產業	30	14.50%
	3～5年	98	47.30%			光電產業	9	4.30%
	6～10年	35	16.90%			生物技術	8	3.90%
	10年以上	25	12.10%			軟件產業	13	6.30%
員工人數	20～50人	82	39.60%			通信產業	10	4.80%
	51～100人	56	27.10%			其他高科技	13	6.30%
	101～500人	42	20.30%		非高科技企業	一般製造業	33	15.90%
	501～1000人	10	4.80%			服務業	84	40.60%
	1000人以上	17	8.20%					

作為本研究調查樣本的公司大部分都處於初創時期，符合本書的研究需要。

本研究按照不同的產業把企業劃分為高科技與非高科技企業，其中，高科技企業占樣本總量的43.5%，非高科技產業（主要是一般製造業和服務業）占樣本總量的56.5%。從產業來看，本研究的調查樣本來自各行各業。

5.2.3 測量項目描述性統計

本研究考察了問卷中各個變量中測量條款的平均值、標準差、偏度和峰度等，具體如表5-3所示。Kline（1998）指出，當偏度絕對值小於3，峰度絕對值小於10時，表明樣本基本上近似服從正態分佈。從表5-3可知，本研究中各個變量的測量條款的偏度與峰度絕對值均小於2。因此，可以認為本研究的大樣本調查基本上近似服從正態分佈，可以進行後續的實證分析。

表5-3　　　　　測量項目描述性統計

變量	測量條款	Minimum	Maximum	Mean	Std. Deviation	Skewness	Kurtosis
關係強度	RE1	1	7	5.04	1.54	-0.629	-0.57
	RE2	1	7	3.70	1.82	-0.103	-1.267
	RE3	1	7	3.65	1.67	-0.06	-1.125
	RE4	1	7	4.90	1.68	-0.675	-0.466
	RE5	1	7	3.99	1.76	-0.209	-1.267
	RE6	1	7	3.58	1.86	-0.621	-1.302
	RE7	1	7	5.27	1.66	-0.966	-0.033
	RE8	1	7	5.65	1.51	-1.331	1.43
	RE9	1	7	5.63	1.51	-1.323	1.432

表5-3(續)

變量	測量條款	Minimum	Maximum	Mean	Std. Deviation	Skewness	Kurtosis
機會識別	OP1	1	7	5.04	1.540	0.629	-0.570
	OP2	1	7	3.70	1.817	0.103	-1.267
	OP3	1	7	3.65	1.671	0.060	-1.125
	OP4	1	7	4.90	1.676	0.675	-0.466
	OP5	1	7	3.99	1.761	0.209	-1.267
創業警覺性	AL1	1	7	5.65	1.245	-0.874	0.231
	AL2	1	7	5.35	1.302	-0.825	0.460
	AL3	1	7	4.83	1.612	-0.439	-0.517
	AL5	1	7	3.99	1.514	-0.102	-0.656
	AL7	1	7	5.28	1.144	-1.175	2.611
	AL8	1	7	5.25	1.315	-0.865	1.039
先驗知識	KN1	1	7	5.74	1.233	-1.585	3.436
	KN2	1	7	5.00	1.450	-0.626	0.413
	KN3	1	7	5.42	1.366	-1.129	1.224
	KN4	1	7	5.43	1.192	-0.924	1.139
	KN5	1	7	5.58	1.011	-1.046	2.335
創業團隊協調能力	T1	1	7	5.75	1.479	-1.232	0.582
	T2	1	7	5.51	1.454	-1.171	1.015
	T3	1	7	5.70	1.269	-1.238	1.402
	T4	1	7	5.58	1.363	-0.948	0.367
	T5	1	7	5.77	1.349	-1.092	0.592
資源獲取	RA1	1	7	4.44	1.575	-0.430	-0.655
	RA2	1	7	4.75	1.509	-0.764	0.063
	RA3	1	7	4.58	1.508	-0.477	-0.260
	RA4	1	7	4.92	1.451	-0.896	0.469
	RA5	1	7	4.62	1.577	-0.394	-0.576
	RA6	1	7	4.72	1.569	-0.616	-0.239

表5-3(續)

變量	測量條款	Minimum	Maximum	Mean	Std. Deviation	Skewness	Kurtosis
資源整合	RI1	1	7	5.18	1.409	-0.908	0.705
	RI2	1	7	5.15	1.413	-1.081	1.155
	RI3	1	7	5.29	1.374	-1.292	1.969
	RI4	1	7	4.98	1.381	-0.805	0.767
	RI5	1	7	5.20	1.538	-1.048	0.800
	RI6	1	7	5.57	1.279	-1.532	3.104
創業績效	PER1	1	7	4.27	1.275	0.048	0.202
	PER2	1	7	4.10	1.509	-0.371	-0.235
	PER3	1	7	4.98	1.248	-0.423	0.127
	PER4	1	7	5.37	1.149	-0.794	0.546
	PER5	1	7	4.74	1.314	-0.412	0.013
	PER6	1	7	5.70	1.222	-0.945	0.585
	PER7	1	7	5.65	1.245	-0.874	0.231

5.3 數據的有效性分析

5.3.1 量表信度檢驗

雖然本書在第四章已經對小樣本進行了信度和效度的分析，但是在採用大樣本進行實證分析之前，仍然需要對大樣本進行信度和效度評估，以確保實證分析的質量。對於信度分析，本書仍然採用 CITC 和 Cronbach's α 的值進行評估，結果如表 5-4 所示。各個變量的測量條款具有良好的信度。

表 5-4　　樣本數據的 CITC 和信度檢驗

變量	測量條款	CITC	Cronbach's α if Item Deleted	Cronbach's α
關係強度	RE1	0.612	0.907	0.911
	RE2	0.610	0.908	
	RE3	0.620	0.907	
	RE4	0.737	0.898	
	RE5	0.819	0.892	
	RE6	0.661	0.904	
	RE7	0.731	0.899	
	RE8	0.742	0.898	
	RE9	0.742	0.898	
機會識別	OP1	0.673	0.864	0.866
	OP2	0.754	0.820	
	OP3	0.718	0.830	
	OP4	0.675	0.841	
	OP5	0.720	0.830	
創業警覺性	AL1	0.656	0.664	0.819
	AL2	0.686	0.711	
	AL3	0.727	0.755	
	AL5	0.647	0.707	
	AL7	0.711	0.726	
	AL8	0.630	0.679	
先驗知識	KN1	0.648	0.772	0.812
	KN2	0.635	0.812	
	KN3	0.662	0.768	
	KN4	0.618	0.782	
	KN5	0.631	0.784	
創業團隊協調能力	T1	0.666	0.859	0.875
	T2	0.601	0.875	
	T3	0.791	0.830	
	T4	0.752	0.837	
	T5	0.733	0.842	

表5-4(續)

變量	測量條款	CITC	Cronbach's α if Item Deleted	Cronbach's α
資源獲取	RA1	0.774	0.911	0.924
	RA2	0.841	0.902	
	RA3	0.782	0.910	
	RA4	0.826	0.905	
	RA5	0.687	0.923	
	RA6	0.783	0.910	
資源整合	RI1	0.766	0.878	0.910
	RI2	0.768	0.878	
	RI3	0.826	0.869	
	RI4	0.663	0.893	
	RI5	0.711	0.888	
	RI6	0.657	0.894	
創業績效	PER1	0.639	0.815	0.831
	PER2	0.677	0.810	
	PER3	0.690	0.791	
	PER4	0.635	0.815	
	PER5	0.623	0.801	
	PER6	0.694	0.790	
	PER7	0.615	0.823	

5.3.2 探索性因子分析

在對正式問卷進行探索性因子分析之前，本書首先對總體樣本數據進行 KMO 與 Bartlett 球形檢驗，用以判斷本研究的數據是否適合進行探索性因子分析。正式樣本數據的 KMO 與 Bartlett 球形檢驗見表 5-5。從表中，可以得知，KMO 值達到 0.904，Bartlett 球形檢驗顯著（0.000），可見總體樣本數據適合進行探索性因子分析。

表 5-5　總體樣本數據的 KMO 與 Bartlett 球形檢驗

KMO 檢驗		0.904
Bartlett 球形檢驗	近似卡方值	6877.65
	df	741
	sig.	0.000

對正式問卷進行因子分析，本書採用主成分分析方法，並採用最大化方差旋轉（Varimax），以特徵值大於 1 作為因子選擇的標準，分析結果見表 5-6。分析結果表明不同變量的測量條款的最大化因子載荷屬於不同的因子，而且同一個變量的測量條款的最大化因子載荷屬於同一個因子，即沒有出現同一個測量條款在不同因子上有交叉的現象。

表 5-6　樣本數據的探索性因子分析結果

變量	測量條款	因子							
		1	2	3	4	5	6	7	8
關係強度	RE1	0.845	0.396	0.065	-0.091	-0.182	-0.289	0.187	0.413
	RE2	0.823	0.461	-0.017	-0.035	0.385	0.023	-0.044	-0.063
	RE3	0.763	0.490	-0.045	-0.126	0.324	-0.018	0.003	-0.125
	RE4	0.769	0.384	-0.016	0.048	-0.244	0.110	-0.110	-0.128
	RE5	0.755	0.432	0.061	0.131	0.219	-0.020	-0.054	-0.039
	RE6	0.784	0.113	-0.030	-0.016	0.187	-0.059	0.023	-0.047
	RE7	0.725	0.291	-0.046	0.118	-0.425	0.212	-0.015	-0.147
	RE8	0.885	0.105	0.026	0.161	-0.535	0.155	0.067	-0.041
	RE9	0.879	0.296	0.020	0.165	-0.537	0.155	0.051	-0.053
機會識別	OP1	0.050	0.081	0.436	0.350	0.845	-0.006	-0.031	0.096
	OP2	0.084	0.067	0.287	0.110	0.823	0.031	0.061	0.077
	OP3	0.207	0.109	0.429	0.119	0.763	-0.038	0.016	0.052
	OP4	0.195	0.082	0.537	0.647	0.769	0.093	-0.016	0.091
	OP5	0.052	0.134	0.187	0.257	0.755	0.188	0.046	0.026

表5-6(續)

變量	測量條款	\multicolumn{8}{c	}{因子}
		1	2	3	4	5	6	7	8
創業警覺性	AL1	0.257	0.237	0.907	0.116	0.861	0.117	0.102	-0.026
	AL2	0.427	0.392	0.647	-0.021	0.468	0.103	-0.148	0.134
	AL3	0.232	0.071	0.752	0.050	0.151	0.673	0.093	-0.074
	AL5	0.338	-0.068	0.728	0.008	0.105	0.420	-0.039	-0.090
	AL7	0.208	0.324	0.724	0.025	0.478	0.365	-0.068	0.034
	AL8	0.344	0.446	0.625	0.080	0.274	0.338	0.217	-0.133
先驗知識	KN1	0.416	0.457	-0.018	0.085	0.438	0.660	0.069	0.138
	KN2	0.171	0.219	0.182	0.079	0.119	0.765	-0.034	-0.198
	KN3	0.420	0.436	0.091	0.071	0.069	0.614	0.071	0.021
	KN4	0.467	0.314	0.090	0.118	0.257	0.554	0.086	0.180
	KN5	0.397	0.476	0.079	-0.007	0.119	0.560	-0.098	0.243
創業團隊協調能力	T1	0.037	0.244	0.364	0.712	-0.056	0.217	-0.059	0.242
	T2	0.207	0.073	-0.123	0.654	0.287	0.205	0.158	0.131
	T3	0.073	0.092	0.219	0.720	0.216	0.090	0.111	0.246
	T4	0.110	0.108	0.114	0.730	-0.062	0.039	-0.022	0.314
	T5	0.077	0.157	0.061	0.700	0.025	0.118	-0.038	0.402
資源獲取	RA1	0.133	0.680	0.184	0.175	0.143	0.131	0.106	0.317
	RA2	-0.402	0.727	0.147	-0.073	0.119	-0.019	0.293	0.186
	RA3	0.155	0.721	0.257	0.193	0.096	0.073	0.143	0.205
	RA4	0.158	0.733	0.303	0.178	0.121	0.096	0.207	0.397
	RA5	0.152	0.710	0.260	0.165	0.124	0.105	0.108	0.217
	RA6	-0.118	0.673	0.241	0.124	0.115	0.016	0.042	0.187
資源整合	RI1	0.162	0.098	0.116	0.290	0.135	0.078	0.001	0.765
	RI2	0.122	0.142	0.024	0.302	0.141	-0.033	-0.004	0.738
	RI3	0.288	0.104	0.066	0.253	0.052	-0.150	-0.037	0.768
	RI4	0.390	0.045	0.122	-0.084	0.048	-0.212	-0.048	0.701
	RI5	0.387	0.065	0.126	0.124	0.172	0.081	-0.184	0.818
	RI6	0.581	0.044	0.049	0.255	0.059	-0.151	0.121	0.690

表5-6(續)

變量	測量條款	因子							
		1	2	3	4	5	6	7	8
創業績效	PER1	0.163	-0.010	0.045	0.102	0.675	-0.033	0.609	0.186
	PER2	0.102	0.124	0.107	0.107	0.559	0.067	0.701	0.571
	PER3	0.110	-0.012	0.104	-0.226	0.453	-0.074	0.681	0.300
	PER4	0.098	0.037	0.224	-0.299	0.116	-0.090	0.869	0.233
	PER5	0.017	0.073	0.072	0.013	0.313	-0.023	0.737	0.476
	PER6	0.055	0.059	0.126	-0.101	0.374	0.050	0.775	0.264
	PER7	0.075	0.116	0.861	0.117	0.102	-0.026	0.907	0.257

5.3.3 驗證性因子分析

當我們採用問卷題項或者其他觀察變量來測量潛在變量的時候，觀察變量和潛在變量之間具有一定的假設關係。此時我們可以採用驗證性因子分析（confirmatory factor analysis，CFA）來檢驗假設關係是否與數據吻合，同時也可以測量量表的構念效度。Brown（2006）指出，驗證性因子分析（CFA）大大超越了探索性因子分析（EFA）用來簡化數據或抽取因素的簡單目的，CFA可以用來檢驗抽象概念或潛在變量的存在與否，評估測驗工具的項目效度與信度，並且檢驗特定理論假設下的因素結構。很多研究者指出驗證性因子分析相對於探索性因子分析法具有很多優勢（黃芳銘，2005；侯杰泰、等，2004）。因此本研究將利用驗證性因子分析對樣本數據的質量作進一步的評估。評估內容包括以下幾個方面：

1. 模型適配度指標

評價模型適配度指標很多，根據邱皓政（2009）的總結，主要有卡方檢驗（卡方指數、卡方與自由度的比值）、適合度指數（GFI、AGFI、PGFI、NFI、NNFI）、替代性指數（NCP、CFI、RMSEA、AIC、CAIC）、殘差分析（RMR、SRMR）等。在

進行驗證性因子分析的時候，本研究採用下列的指標對驗證性因子分析的模型作出評價：由於卡方指數與樣本量有關，當樣本越大時，卡方值也越大。因此，本書結合其他的指標進行判斷。近似誤差的均方根（RMSEA）指數是比較理論模型與飽和模型的差距距離。黃芳銘（2005）認為，當 RMSEA 值小於 0.05 時表示理論模型可以接受，是「良好適配」，為 0.05～0.08 時「不錯適配」，在 0.08～0.1 之間是「中度適配」，大於 0.1 是「不良適配」。適配指數（GFI）可以理解為假設模型能夠解釋的方差和協方差的比例的一種測量，GFI 指數值越接近 1 越理想。比較擬合指標（CFI）與正規擬合指標（NFI）均要大於 0.9，才能認為模型擬合良好。

2. 項目質量檢驗

因素載荷除了反應測量誤差影響的同時，也能明確某個題目用來反應潛變量的程度。測量題目的因素載荷越高，則該題目能反應潛在變量的能力越高，因素能夠解釋各觀察變量的變異的程度越大。Tabachnica 和 Fidell（2007）具體提出了因素載荷值的標準：當因素載荷大於 0.71，也就是該因素可以解釋觀察變量 50% 的變異量之時，是非常理想的狀況；當因素載荷大於 0.63，也就是該因素可以解釋觀察變量 40% 的變異量之時，是非常好的狀況；但若載荷小於 0.32，也就是該因素解釋不到 10% 的觀察變量變異量，是非常不理想的狀況。通常這類題目雖然是形成某個因素的題項，但是貢獻非常小，可以考慮刪除該題項，以提高整個因素的一致性。同時，Tabachnica 和 Fidell 建議，鑒於社會科學研究者受測量本身、外在干擾與測量誤差的影響，當檢驗因素載荷的值大於 0.55，即可宣布項目具有理想質量（邱皓政，2009）。本研究以 0.55 作為評價因素載荷的標準。

3. 組合信度 ρ_c ①

利用因素載荷的標準化系數和測量條款的殘差，我們可以計算一個類似於內部一致性信度系數（Cronbach's α）的潛在變量的組合信度（composite reliability）：

$$\rho_c = \frac{(\sum \lambda_i)^2}{[(\sum \lambda_i)^2 + \sum \theta_{ii}]}$$

其中，$(\sum \lambda_i)^2$ 為因素載荷加總後取平方值，$\sum \theta_{ii}$ 為各觀察變量殘差方差的總和。Bagozzi 和 Yi（1988）建議 ρ_c 達 0.60 即可，也有些學者（Raine–Eudy，2000）建議，ρ_c 達 0.50 時，測量工具在反應真分數時即可獲得基本的穩定性。

4. 平均變異萃取量（AVE 或 ρ_v）②

我們可以通過計算出一個平均變異萃取量（Average Variance Extracted，AVE 或 ρ_v），來反應一個潛在變量能被一組觀察變量有效估計的聚斂指標。計算公式如下：

$$AVE = \rho_v = \frac{\sum \lambda_i^2}{(\sum \lambda_i^2 + \sum \theta_{ii})}$$

其中，$\sum \lambda_i^2$ 為因素載荷取平方值後加總，$\sum \theta_{ii}$ 為各觀察變量殘差方差的總和。Hair 等（2006）建議，當 ρ_v 大於 0.50，就表示潛在變量的聚斂能力十分理想，具有良好的操作型定義化（operationalization）。

5. 區分效度

區分效度是指不同的潛變量是否存在顯著差異，也就是不同的潛在變量能否有效區分。根據 Fornell 和 Larker（1981）的

---

① 以下內容參考自：邱皓政. 結構方程模式：LISREL 的理論技術與應用. 臺北：雙葉書廊有限公司，2004.

② 同上。

观点，我们可以採用平均变异萃取量比较法，也就是比较两个潜在变量的ρ_v平均值是否大於两个潜在变量的相关系数平方。若两个潜在变量的ρ_v平均值大於两个潜在变量的相关系数平方，则说明各个潜变量的区分效度满足分析要求。在本研究中，对於模型中各个主要变量之间的区分效度，我们将结合相关系数一并检验，其检验结果见第六章的相关分析。

下面，将分别对本研究中各个变量进行验证性因子分析检验。

1. 关系强度的验证性因子分析

关系强度变量的验证性因子分析见表5-7。从表中的拟合优度指标，我们得知模型的拟合情况较理想。χ^2为267.57，P=0.000<0.001较为显著。近视误差均方根的值RMSEA=0.019，接近模型接受的值0.08；适配指标GFI=0.846，基本上符合模型接受的标准；拟合指标中的NFI和CFI均大於0.90的标准值。因此整个模型基本上是可以接受的。

表5-7　关系强度量表的验证性因子分析结果

潜变量	测量条款	标准化因素载荷	t值	组合信度	平均萃取方差（AVE）
关系强度	RE1	0.736	—	0.9368	0.6236
	RE2	0.848	9.119***		
	RE3	0.818	7.140***		
	RE4	0.669	11.561***		
	RE5	0.735	9.401***		
	RE6	0.817	6.631***		
	RE7	0.841	7.483***		
	RE8	0.847	10.586***		
	RE9	0.776	11.848***		
拟合优度指标	\multicolumn{5}{l}{χ^2=267.57，P=0.000；RMSEA=0.019；GFI=0.846；NFI=0.901；CFI=0.913}

註：*** 表示P<0.01。

從表5-7中，我們還得知，各個題項的標準化因素載荷都達到0.6以上，t值在概率水準0.001下顯著。通過前面所述的公式計算，得出因子的組合信度值為0.937，大於0.6的門檻值。因此，因子的組合信度是可以接受的。收斂效度本書採用平均萃取方差（AVE）來衡量。通過計算，得出關係強度的AVE為0.626，超過0.5的門檻值，這表明關係強度這個潛變量具有收斂效度。

2. 機會識別、創業警覺性和先驗知識的驗證性因子分析

機會識別、創業警覺性和先驗知識三個變量的驗證性因子分析見表5-8。從表中的擬合優度指標，可以得知模型的擬合

表5-8　機會識別、創業警覺性和先驗知識的驗證性因子分析結果

潛變量	測量條款	標準化因素載荷	t值	組合信度	平均萃取方差（AVE）
機會識別	OP1	0.689	—	0.8453	0.5224
	OP2	0.729	9.621***		
	OP3	0.749	5.516***		
	OP4	0.741	6.891***		
	OP5	0.704	7.306***		
創業警覺性	AL1	0.685	—	0.8679	0.5230
	AL2	0.754	5.660***		
	AL3	0.725	12.468***		
	AL5	0.702	6.826***		
	AL7	0.733	6.709***		
	AL8	0.738	9.336***		
先驗知識	KN1	0.682	—	0.8691	0.5751
	KN2	0.724	7.869***		
	KN3	0.751	7.906***		
	KN4	0.812	3.530***		
	KN5	0.803	5.671***		
擬合優度指標	$\chi^2 = 598.75$，$P = 0.000$；RMSEA $= 0.06$；GFI $= 0.941$；NFI $= 0.943$；CFI $= 0.965$					

註：*** 表示 P<0.01。

情況較理想。χ^2 為 598.75，P = 0.000 < 0.001，達到顯著。近視誤差均方根的值 RMSEA = 0.06，達到不錯的適配；適配指標 GFI = 0.941，符合模型接受的標準；擬合指標中的 NFI 和 CFI 均大於 0.90 的標準值。因此整個模型基本上是可以接受的。

從表 5-8 中，我們還得知，各個題項的標準化因素載荷都達到 0.6 以上，t 值在概率水準 0.001 下顯著。通過前面所述的公式計算，得出機會識別、創業警覺性和先驗知識這 3 個潛變量的組合信度值分別為 0.8453、0.8679 和 0.8691，均大於 0.6 的門檻值。因此，因子的組合信度是可以接受的。收斂效度同樣採用平均萃取方差（AVE）來衡量。通過計算，得出 3 個潛變量的 AVE 分別為 0.5224、0.5230 和 0.5751，均超過 0.5 的門檻值，這表明，這 3 個潛變量都具有良好的收斂效度。

3. 創業團隊協調能力的驗證性因子分析

創業團隊協調能力變量的驗證性因子分析見表 5-9。從表中的擬合優度指標，可以得知模型的擬合情況較理想。χ^2 為 355.6，P = 0.000 < 0.001，達到顯著。近視誤差均方根的值 RMSEA = 0.009，小於所要求的值；適配指標 GFI = 0.926，達到模型接受的標準；擬合指標中的 NFI 和 CFI 均大於 0.90 的標準值。因此整個模型基本上是可以接受的。

從表 5-9 中還得知，各個題項的標準化因素載荷都達到 0.6 以上，t 值在概率水準 0.001 下顯著。通過前面所述的公式計算，得出因子的組合信度值為 0.8732，大於 0.6 的門檻值。因此，因子的組合信度是可以接受的。收斂效度採用平均萃取方差（AVE）來衡量。通過計算，得出創業團隊協調能力的 AVE 為 0.5802，超過 0.5 的門檻值，這表明創業團隊協調能力這個潛變量具有收斂效度。

表 5-9　創業團隊協調能力的驗證性因子分析結果

潛變量	測量條款	標準化因素載荷	t 值	組合信度	平均萃取方差（AVE）
創業團隊協調能力	T1	0.783	—	0.8732	0.5802
	T2	0.694	3.136***		
	T3	0.796	6.683***		
	T4	0.816	12.327***		
	T5	0.712	8.480***		
擬合優度指標	\multicolumn{5}{l}{χ^2 = 355.6，P = 0.000；RMSEA = 0.009；GFI = 0.926；NFI = 0.914；CFI = 0.934}

註：*** 表示 P < 0.01。

4. 資源獲取的驗證性因子分析

資源獲取變量的驗證性因子分析見表 5-10。從表中的擬合優度指標，可以得知模型的擬合情況較理想。χ^2 為 298.6，P = 0.000 < 0.001，達到顯著。近視誤差均方根的值 RMSEA = 0.018，小於所要求的值；適配指標 GFI = 0.903，達到模型接受的標準；擬合指標中的 NFI 為 0.891，CFI 大於 0.90 的標準值。因此整個模型基本上是可以接受的。

表 5-10　資源獲取的驗證性因子分析結果

潛變量	測量條款	標準化因素載荷	t 值	組合信度	平均萃取方差（AVE）
資源獲取	RA1	0.810	—	0.8855	0.5651
	RA2	0.694	9.376***		
	RA3	0.731	4.958***		
	RA4	0.770	12.944***		
	RA5	0.648	13.120***		
	RA6	0.840	3.980***		
擬合優度指標	\multicolumn{5}{l}{χ^2 = 298.6，P = 0.000；RMSEA = 0.018；GFI = 0.903；NFI = 0.891；CFI = 0.912}

註：*** 表示 P < 0.01。

從表5-10中還可知，各個題項的標準化因素載荷都達到0.6以上，t值在概率水準0.001下顯著。通過前面所述的公式計算，得出因子的組合信度值為0.8855，大於0.6的門檻值。因此，因子的組合信度是可以接受的。收斂效度採用平均萃取方差（AVE）來衡量。通過計算得出資源獲取的AVE為0.5651，超過0.5的門檻值，這表明資源獲取這個潛變量具有收斂效度。

5. 資源整合的驗證性因子分析

資源整合變量的驗證性因子分析見表5-11。從表中的擬合優度指標可以得知模型的擬合情況較理想。χ^2為287.5，P = 0.01 < 0.05，比較顯著。近視誤差均方根的值RMSEA = 0.053，達到所要求的值；適配指標GFI = 0.946，達到模型接受的標準；擬合指標中的NFI和CFI均大於0.90的標準值。因此整個模型基本上是可以接受的。

表5-11　資源整合的驗證性因子分析結果

潛變量	測量條款	標準化因素載荷	t值	組合信度	平均萃取方差（AVE）
資源整合	RI1	0.727	—	0.8738	0.5367
	RI2	0.672	8.769***		
	RI3	0.732	6.857***		
	RI4	0.801	4.668***		
	RI5	0.692	12.543***		
	RI6	0.764	9.611***		
擬合優度指標		χ^2 = 287.5，P = 0.01；RMSEA = 0.053；GFI = 0.946；NFI = 0.975；CFI = 0.977			

註：*** 表示 P < 0.01。

從表5-11中還可知，各個題項的標準化因素載荷都達到0.6以上，t值在概率水準0.001下顯著。通過前面所述的公式

計算，得出因子的組合信度值為 0.8738，大於 0.6 的門檻值。因此，因子的組合信度是可以接受的。收斂效度採用平均萃取方差（AVE）來衡量。通過計算得出資源整合的 AVE 為 0.5367，超過 0.5 的門檻值，這表明，資源整合這個潛變量具有收斂效度。

6. 創業績效的驗證性因子分析

創業績效變量的驗證性因子分析見表 5-12。從表中的擬合優度指標可知模型的擬合情況較理想。χ^2 為 267.6，P = 0.01 < 0.05，比較顯著。近視誤差均方根的值 RMSEA = 0.034，小於所要求的值；適配指標 GFI = 0.943，達到模型接受的標準；擬合指標中的 NFI 和 CFI 均大於 0.90 的標準值。因此整個模型基本上是可以接受的。

表 5-12　　創業績效的驗證性因子分析結果

潛變量	測量條款	標準化因素載荷	t 值	組合信度	平均萃取方差（AVE）
創業績效	PER1	0.678	—	0.8791	0.5103
	PER2	0.720	8.486***		
	PER3	0.654	6.373***		
	PER4	0.774	7.765***		
	PER5	0.694	3.648***		
	PER6	0.701	3.009***		
	PER7	0.771	11.362***		
擬合優度指標	χ^2 = 267.6，P = 0.01；RMSEA = 0.034；GFI = 0.943；NFI = 0.956；CFI = 0.917					

註：*** 表示 P < 0.01。

從表 5-12 中還得知，各個題項的標準化因素載荷都達到 0.6 以上，t 值在概率水準 0.001 下顯著。通過前面所述的公式計算，得出因子的組合信度值為 0.8791，大於 0.6 的門檻值。

因此，因子的組合信度是可以接受的。收斂效度採用平均萃取方差（AVE）來衡量。通過計算得出創業績效的 AVE 為 0.5103，超過 0.5 的門檻值，這表明創業績效這個潛變量具有收斂效度。

5.4　本章小結

在這一章中，首先詳細描述了收集問卷的過程；其次，對所收集到的 207 份有效問卷進行了描述性統計，主要有創業者個體特徵和樣本企業特徵的描述性統計，為下一章節的實證分析作準備；此外，本章還對樣本中各個測量項目進行描述性統計，結果表明本次大樣本調查基本上近似服從正態分佈，可以進行後續的實證分析。最後，本章還對數據進行有效性分析，主要包括量表的信度檢驗、探索性因子分析及驗證性因子分析。分析結果表明，本研究中的各個變量具有良好的信度和效度，說明本研究中收集的樣本質量較高。

6 研究假設檢驗

6.1 方差分析

為了考慮某些未納入本研究理論模型中的因素對各個變量的影響，本研究採用單因素方差分析，研究了創業者個體特徵，主要包括性別、年齡、學歷和工作經歷是否對創業者社會網絡關係強度的均值造成了顯著差異和變動。

張文彤（2002）指出，單因素方差分析是為了解決一個因素之下的多個不同水準之間的關係問題。方差分析是通過數據誤差的來源來分析判斷不同總體之間的均值是否相等，進而分析自變量是否有影響。因此，進行方差分析的時候，區分誤差的來源是重要的。在同一母體下，不同樣本均值的差異來源於兩個方面，即總變異由兩部分構成：組內變異及組間變異。分解統計學原理，組間變異與組內變異構成 F 統計量，給定顯著性水準，通過與 F 分佈統計量的概率 p 邊界，我們可以推斷出總體均值是否存在顯著性差異。如果兩者的比值與 1 無顯著差異，我們可以得知控制變量對觀察變量沒有造成顯著差異；反之，則表明控制變量對觀察變量產生了顯著影響。

進行單因素方差分析的前提條件的檢驗，包括正態檢驗和

方差齊次性假定進行檢驗。學術界普遍將樣本數大於 30 的樣本稱為大樣本。本研究的樣本為 207 份，並且已經對各個測量項目進行描述性統計，可知本研究的大樣本調查基本上近似服從正態分佈。對於方差齊次性，本研究採用 homogeneity of variances test 方法進行檢驗，當相伴概率 p 大於 0.05 時，我們認為各水準下總體方差相等，採用 LSD（least significant difference）方法檢驗控制變量的不同水準是否對觀察變量產生了顯著影響；反之，如果相伴概率 p 小於 0.05，我們認為各水準下總體方差不相等，採用 Tamhane 方法進行檢驗。

6.1.1 創業者個體特徵的方差分析

1. 創業者性別的方差分析

性別作為控制變量分為兩類：男和女。對創業者性別進行方差分析，主要是考察創業者不同性別是否對創業者社會網絡關係強度有顯著影響。我們運用 SPSS16.0 得到創業者性別的方差結果，如下表 6-1 所示。從表 6-1 得知，方差齊次性檢驗的顯著性概率為 0.131，在顯著性水準為 0.05 的前提下，說明創業者社會網絡關係強度在不同性別情況下總體方差相等；方差分析的結果表明，性別差異對創業者社會網絡關係強度沒有顯著的影響（顯著性概率 p = 0.607 > 0.05）。

表 6-1　基於創業者性別的方差分析結果

		方差分析					方差齊性檢驗	
		平方和	df	均方	F	Sig.	Levene	Sig.
關係強度	組間	0.436	1	0.436	0.265	0.607	2.293	0.131
	組內	336.872	205	1.643				
	Total	337.308	206					

2. 創業者年齡的方差分析

根據這次正式的調查問卷，創業者年齡分為四個階段，25歲以下、26～34歲、35～44歲、45歲以上，方差分析以此為準。方差分析和齊次檢驗結果見表6-2。由表6-2得知方差齊性檢驗的相伴概率p值大於0.05，這說明在進行多重比較時，採用LSD方法檢驗創業者年齡的不同水準對創業者社會網絡關係強度產生了顯著影響。方差分析的顯著性概率為0.014，小於0.05的顯著性水準。為了進一步確認不同水準下的均值差異，我們進行組間多重比較。在多重分析中，只列出本研究中存在顯著性差異的檢驗結果。結果見表6-3所示，結果表明，25歲以下的年齡組與其他年齡組在社會網絡關係強度上存有顯著差異，說明在某種程度上年齡越大社會網絡關係強度越強。

表6-2　　基於創業者年齡的方差分析結果

		方差分析					方差齊性檢驗	
		平方和	df	均方	F	Sig.	Levene	Sig.
關係強度	組間	5.838	3	1.946	1.192	0.014	0.377	0.769
	組內	331.469	203	1.633				
	Total	337.307	206					

表6-3　　基於創業者年齡的多重比較結果

變量描述	比較方法	創業者年齡 X	創業者年齡 Y	均值差異 (X-Y)	標準差	Sig.
創業者社會網絡關係強度	LSD	25歲以下	26～34歲	0.388,15*	0.580,91	0.003
		35～44歲		0.693,47*	0.531,87	0.044
		45歲以上		0.884,26*	0.583,25	0.000
		26～34歲	25歲及以下	-0.388,15*	0.580,91	0.003
		35～44歲	25歲及以下	-0.693,47*	0.531,87	0.044
		45歲以上	25歲及以下	-0.884,26	0.583,25	0.000

註：* 表示在LSD方法下的顯著性水準為0.05。

3. 創業者學歷的方差分析

根據這次正式的調查問卷，我們按照教育水準並結合國家有關教育階段的劃分標準，創業者學歷分為五個階段：中學及中專以下、大專、本科、碩士以上，方差分析以此為準。方差分析和齊性檢驗結果見表。由表6-4得知，方差齊性檢驗的相伴概率p值大於0.05，雖然滿足了方差齊性的假設，但方差分析的顯著性概率為0.424，大於0.05的顯著性水準。說明創業者在各自不同的學歷水準上並無顯著性差異。

表6-4　　基於創業者學歷的方差分析結果

		方差分析					方差齊性檢驗	
		平方和	df	均方	F	Sig.	Levene	Sig.
關係強度	組間	4.609	3	1.536	0.937	0.424	1.438	0.22
	組內	332.699	203	1.639				
	Total	337.308	206					

4. 創業者工作年限的方差分析

根據這次正式的調查問卷，創業者工作年限分為五個不同的水準：1~2年、3~5年、6~9年、10年以上，方差分析以此為準。方差分析和齊次檢驗結果見表6-5。由表6-5我們得知方差齊性檢驗的相伴概率p值大於0.05，滿足了方差齊次性的假設，這說明在進行多重比較時，應該採用LSD方法進行檢驗。方差分析的顯著性概率為0.027，小於0.05的顯著性水準。為了進一步確認不同水準下的均值差異，我們進行組間多重比較。結果見表6-6所示，工作年限在10年以上的創業者，在社會網絡關係強度上與其他工作年限組存有顯著的差異。

表6-5　基於創業者工作年限的方差分析結果

		方差分析					方差齊性檢驗	
		平方和	df	均方	F	Sig.	Levene	Sig.
關係強度	組間	8.526	3	2.842	1.755	0.027	2.277	0.081
	組內	328.782	203	1.62				
	Total	337.308	206					

表6-6　基於創業者工作年限的多重比較結果

變量描述	比較方法	創業者年齡 X	創業者年齡 Y	均值差異（X-Y）	標準差	Sig.
創業者社會網絡關係強度	LSD	10年以上	1~2年	1.033*	0.744	0.006
			3~5年	-0.264*	0.289	0.041
			6~9年	0.284*	0.205	0.017

註：* 表示在 LSD 方法下的顯著性水準為 0.05。

6.1.2　方差分析小結

本研究採用單因素方差分析，檢驗了創業者個體特徵，主要包括性別、年齡、學歷和工作經歷是否對創業者社會網絡關係強度的均值造成了顯著差異和變動。檢驗結果表明，性別和學歷對創業者的社會網絡關係強度沒有顯著性的影響；而隨著創業者年齡的增長和工作年限的增加，其社會網絡關係強度越強。

6.2　相關分析

本節對模型中主要的研究變量進行相關分析，並運用

SPSS16.0進行Pearson相關分析，主要研究變量的相關係數矩陣。如表6-7所示，從相關係數的顯著水準來看，創業者社會網絡關係強度與各個變量之間都存在正顯著相關，這些情況初步支持本研究所提的假設，本書將在以下的章節進行更嚴謹的分析來檢驗所提出的假設。

此外，本研究還根據Fornell和Larker（1981）的檢驗，用兩個潛在變量的AVE的平均值與兩個潛變量的相關係數平方進行比較，比較結果見表6-7，所有各個因素的兩兩AVE的平均值都大於相關係數的平方，因此可以得出本研究中各個主要因素具有良好的區分效度。

表6-7　　　　主要變量的Pearson相關係數

因素	均值	標準差		創業績效	關係強度	機會識別	資源獲取	團隊協調能力
關係強度	41.41	11.52	r	0.333**				
			r^2	0.111				
			AVE	0.566				
機會識別	21.28	6.84	r	0.336**	0.718**			
			r^2	0.113	0.516			
			AVE	0.516	0.573			
資源獲取	28.04	7.83	r	0.728**	0.434**	0.417**		
			r^2	0.530	0.188	0.173		
			AVE	0.5337	0.594	0.544		
團隊協調能力	28.30	5.66	r	0.734**	0.375**	0.342**	0.638**	
			r^2	0.539	0.141	0.116	0.407	
			AVE	0.545	0.601	0.551	0.572	
資源整合	31.38	6.87	r	0.662**	0.330**	0.301**	0.708**	0.671**
			r^2	0.438	0.109	0.091	0.501	0.450
			AVE	0.523	0.580	0.530	0.551	0.559

註：*表示雙尾檢驗的概率值$p<0.05$，**表示雙尾檢驗的概率值$p<0.01$。

6.3 調節效應檢驗

6.3.1 調節效應的原理及作用

調節變量探討的不是自變量與因變量兩者間的內在機制，而是兩者間的關係在第三個變量的作用下，是否會有所變化。羅勝強等（2008）指出調節變量的作用是為現有的理論劃出限制條件和使用範圍。研究調節變量，亦即通過研究一組關係在不同條件下變化及其背後的原因，來豐富我們原有的理論，使理論對變量間關係的解釋更為精細。

根據羅勝強等（2008）的建議，採用迴歸的方法檢驗調節作用的具體步驟包括：①用虛擬變量（dummy variable）代表類別變量；②對連續變量進行中心化或標準化，其目的是為了減小迴歸方程中變量間多重共線性（multicollinearity）的問題；③構造乘積項；④構造方程，關注乘積項的系數是否顯著。

6.3.2 創業者社會網絡關係強度與機會識別的調節效應檢驗

在本節中，將探討創業者初期社會網絡關係強度與創業者機會識別的內在機理，我們認為創業者的先驗知識和創業警覺性可能調節這兩個變量的關係。由於創業者初期社會網絡關係強度、創業者機會識別、創業者的先驗知識和創業警覺性都是潛在變量，本研究按照溫忠麟（2003）的建議，計算每個潛在變量的因子得分，通常採用 Anderson 和 Rubin 的理論推出因子得分，然後將因子得分作為潛變量的觀測值。因為這些因子得分都是標準化的，因此能夠避免多重共線性的問題。除此之外，本研究選取了性別、年齡、學歷、工作經驗四個變量作為控制

變量，並採用「純啞變量模型」進行虛擬變量設置。

本節採用的數據分析方法是層級多元迴歸方法。為了檢驗前面提出的假設 H1a、H1a1 及 H1a2，採用逐步加入控制變量、自變量與調節變量、自變量與調節變量的交互項的層級迴歸模型（hierarchical regression model）進行數據分析。

迴歸分析的結果如表 6-8 所示。其中，模型 1 是指控制變量對因變量的迴歸模型，模型 2 是控制變量、自變量、調節變量對因變量的主效應模型，模型 3 是加入交互效應後的全效應模型。從模型 2 中，可以看出，創業者社會網絡關係強度與機

表 6-8　社會網絡關係強度及其他變量對機會識別的層級迴歸結果

	因變量：機會識別		
	模型 1	模型 2	模型 3
性別（以男性為參照）	0.070	0.064	-0.006
年齡（以 45 歲以下為參照）	0.079	0.075	0.224***
學歷（以本科以下為參照）	0.075	0.048	0.087
工作經驗（以 3~5 年為參照）	0.178	0.103	0.079*
關係強度		0.224***	0.13**
先驗知識		0.170**	0.110***
創業警覺性		0.171	0.210*
關係強度*先驗知識			0.184**
關係強度*創業警覺性			0.227**
R square	0.251	0.461	0.557
Adjusted R square	0.221	0.331	0.415
R square change		0.210***	0.096***
F-value	6.875***	7.754***	7.200***
N, df	207, 4	207, 7	207, 9

註：表中列示的是標準化迴歸係數；* 表示 $P<0.10$；** 表示 $P<0.05$；*** 表示 $P<0.01$。

會識別是正相關關係（$\beta = 0.224$，$p < 0.01$），實證分析的結果支持了本研究提出的假設H1a。在模型3中，考察了創業者關係強度與先驗知識、創業者關係強度與創業警覺性的調節效應，將兩兩之間的乘積項放入迴歸模型後，結果表明，創業者先驗知識對創業者社會網絡關係強度與創業者機會識別之間的作用關係起著正向調節作用（$\beta = 0.184$，$p < 0.05$）；創業者工作經歷對於創業者社會網絡關係強度與創業者機會識別之間的正向調節作用也非常顯著（$\beta = 0.227$，$p < 0.05$）。基於此，假設H1a1及H1a2通過驗證。

6.3.3 調節效應小結

創業者對機會識別的過程是一系列因素相互作用的結果，通過探討創業者初期社會網絡關係強度與創業者機會識別的內在機理，本書運用實證研究證實了創業者的先驗知識和創業警覺性的調節作用。研究結果對小企業創業的啟示如下：

（1）創業者在社會網絡中與網絡成員的關係強度在很大程度上會制約創業者的視野及信息的流動，從而影響創業者對創業機會的識別。在社會網絡中，網絡成員廣，而且創業者與其關係密切的話，更容易獲得創業機會。

（2）個人應在自己過去的知識基礎上，去發掘與識別創業機會。這與創業實踐相符，許多創業者往往會從自己的專業領域、工作經驗中，找尋適當的創業機會；而相對不熟悉或是未碰觸過的領域，會使得創業者無法瞭解機會的存在，因而提高了失敗風險。此外，為了提升創業機會識別之數量、創新性，並創造顧客價值，根據知識分散性理論，創業者應長期不斷充實各項知識，依照個人的成長經歷、教育背景、工作經驗等知識，與目前市場、技術、顧客上的需求進行結合，進而糅合出適合於不同個人之創業方向。

（3）如果想提升創業機會識別行為，人們應多培養自我對於市場需求、技術需求與未使用資源的敏感度。例如：隨時注意產業中的變化與趨勢，瞭解顧客需求，並試圖找出方案來解決等，都能有效增加機會識別之成功概率。因為儘管先驗知識有助於識別創業機會，但並非意味著所有擁有豐富先驗知識者，都能輕易地發掘、識別出好的機會；機會的識別還取決於創業警覺性的影響。兩個具有相同知識背景的人，面對同樣的環境改變時，卻可能出現迥異的看法與判斷。因為有些人具有注意機會之能力，並形成未來想像的動機傾向，因此有助於發掘成為機會；而另一些人則可能採取忽略作法，從而失去識別機會的可能性。

6.4　仲介效應檢驗

6.4.1　仲介效應的原理

一般來說，當一個變量能夠解釋自變量和因變量之間的關係時，我們就認為它起到了仲介作用。研究仲介作用的目的是在我們已知某些關係的基礎上，探索產生這個關係的內部作用機制（羅勝強，2008）。仲介變量可以分為兩類：一類為完全仲介（full mediation）；一類為部分仲介（partial mediation）（Baron、Kenny，1986）。

在本研究中，資源整合是創業行為（機會識別、資源獲取、團隊協調能力）與創業績效之間的仲介變量。對於仲介變量的檢驗，目前最常用也是最傳統的是 Baron 和 Kenny（1986）的方法。按照 Baron 和 Kenny（1986）的仲介效應檢驗程序，如果資源整合要在創業行為（機會識別、資源獲取、團隊協調能力）

與創業績效的關係中起到仲介作用，則必須滿足四個條件：①自變量與因變量相關：創業行為必須與創業績效顯著相關。②自變量與仲介變量相關：創業者行為與資源整合必須顯著相關。③仲介變量與因變量相關：資源整合與創業績效必須顯著相關。④考慮仲介變量的作用，自變量對因變量的關係消失或減弱。即當創業行為與創業績效的關係分析中加入資源整合這一變量時，創業行為與創業績效的關係消失或減弱。如果創業行為與創業績效的關係完全消失，則稱資源整合起到完全仲介作用。如果創業行為與創業績效依然顯著相關，但關係顯著減弱，則稱資源整合起到部分仲介作用。

6.4.2 資源整合的仲介效應檢驗

1. 自變量與因變量相關

為了檢驗自變量與因變量之間的相關性，在此不考慮其他因素的影響。之所以這樣處理，是為了後面對資源整合作為仲介變量的合理性進行分析。自變量與因變量相關關係的分析採用各潛變量間的皮爾遜（Pearson）相關係數的方法，其結果如表6-9所示：

表6-9　　　自變量與因變量的相關分析結果

自變量	因變量	相關係數
機會識別	創業績效	0.336***
資源獲取	創業績效	0.728***
團隊協調能力	創業績效	0.734***

註：＊表示 $P<0.10$；＊＊表示 $P<0.05$；＊＊＊表示 $P<0.01$。

從上面的分析結果可以知道，創業行為中的機會識別、資源獲取、團隊協調能力與創業績效之間的關係都顯著相關，且顯著性水準均在0.01的情況下。

2. 自變量與仲介變量相關

為了檢驗自變量與仲介變量之間的相關性，為了後面對資源整合作為仲介變量的合理性進行分析，也不考慮其他因素的影響。自變量與仲介變量相關關係的分析仍採用各潛變量間的皮爾遜（Pearson）相關係數的方法，其結果如表6-10所示：

表6-10　　自變量與仲介變量的相關分析結果

自變量	仲介變量	相關係數
機會識別	資源整合	0.301***
資源獲取	資源整合	0.808***
團隊協調能力	資源整合	0.671***

註：＊表示 $P<0.10$；＊＊表示 $P<0.05$；＊＊＊表示 $P<0.01$。

從上面的分析結果可以得出，創業行為中的機會識別、資源獲取、團隊協調能力與資源整合之間的關係都顯著相關，且顯著性水準均在0.01的情況下。

3. 仲介變量與因變量相關

仲介變量（資源整合）與因變量（創業績效）之間的相關係數為0.622，$p=0.000$，表明仲介變量與因變量之間也存在顯著的相關性。

4. 仲介變量作為控制變量

通過將資源整合作為控制變量，將自變量與因變量之間的關係進行偏相關分析，其方法是通過檢驗各個潛變量之間的偏相關係數，對自變量與因變量之間的相關性進行檢驗。偏相關分析的結果如表6-11所示：

6　研究假設檢驗

表6-11　仲介變量作為控制變量後自變量與因變量的偏相關分析結果

控制變量	自變量	因變量	相關係數
資源整合	機會識別	創業績效	0.191**
	資源獲取	創業績效	0.439***
	團隊協調能力	創業績效	0.421***

註：*表示 $P<0.10$；**表示 $P<0.05$；***表示 $P<0.01$。

從表6-11顯示的偏相關分析結果得知，仲介變量（資源整合）作為控制變量後，自變量與因變量之間的相關關係均明顯地降低。為了清楚地將仲介變量（資源整合）進行控制前後的分析，將控制前後的自變量與因變量的相關係數納入表格進行比較，如表6-12所示：

表6-12　仲介變量作為控制變量前後自變量
與因變量的偏相關分析結果

控制變量	自變量	因變量	相關係數（仲介變量控制前）	相關係數（仲介變量控制後）
資源整合	機會識別	創業績效	0.301***	0.191**
	資源獲取	創業績效	0.808***	0.439***
	團隊協調能力	創業績效	0.671***	0.421***

註：*表示 $P<0.10$；**表示 $P<0.05$；***表示 $P<0.01$。

通過以上四個仲介效應的檢驗步驟，根據Baron和Kenny（1986）的判斷標準，基本可以得出結論，資源整合在創業行為與創業績效之間關係中具有部分仲介作用。在下一節的結構方程模型分析中，將對採用以資源整合為仲介變量的理論模型作進一步的分析。

6.4.3　仲介效應小結

在本節中，我們按照Baron和Kenny（1986）對仲介效應的檢驗方法，對資源整合在創業行為（機會識別、資源獲取、團

隊協調能力）與創業績效之間的仲介效應進行了檢驗。研究結果對小企業創業的啟示如下：

資源整合是創業過程中的一個關鍵行為，其目的是為了有效地提升創業績效。顯而易見，在創業過程中，機會識別、資源獲取、團隊協調能力是三個關鍵性的創業行為，而資源整合是對這三個行為進行有效的配置和運用。資源整合是將所獲取的各項資源進行匹配以形成核心能力的過程（Sirmon、Hitt、Ireland，2007）。而核心能力是企業永續生存及發展之道，是企業逐步形成的在市場競爭中獲勝的根本能力，也是其他企業難以模仿的深層能力（謝洪明、等，2007）。因此，創業者要想提升其創業績效，不能單單依靠機會識別、資源獲取、團隊協調這三個創業因素，而要通過資源整合激發和培育出自身的核心能力。

6.5 結構方程模型分析

6.5.1 模型構建

本書運用結構方程模型（SEM）分析變量間整體的相互影響關係。統計軟件採用是 AMOS17.0。SEM 作為一門基於統計分析技術的研究方法學，其重要特性就是能夠對抽象的構念（construct）進行估計與測定，用以處理複雜的多變量研究數據的探究與分析。同時它融合了因素分析（factor analysis）和路徑分析（path analysis）兩種統計技術，有助於確認存在相互影響關係的變量之間的路徑結構。

利用 SEM 來分析創業者社會網絡關係強度、機會識別、資源獲取、資源整合、創業績效之間的相互影響關係，考慮多變量的匹配模型時，上述的假設關係是否存在？本研究將所有的變量納入一個結構方程模型中，見圖 6-1。其中潛在變量（la-

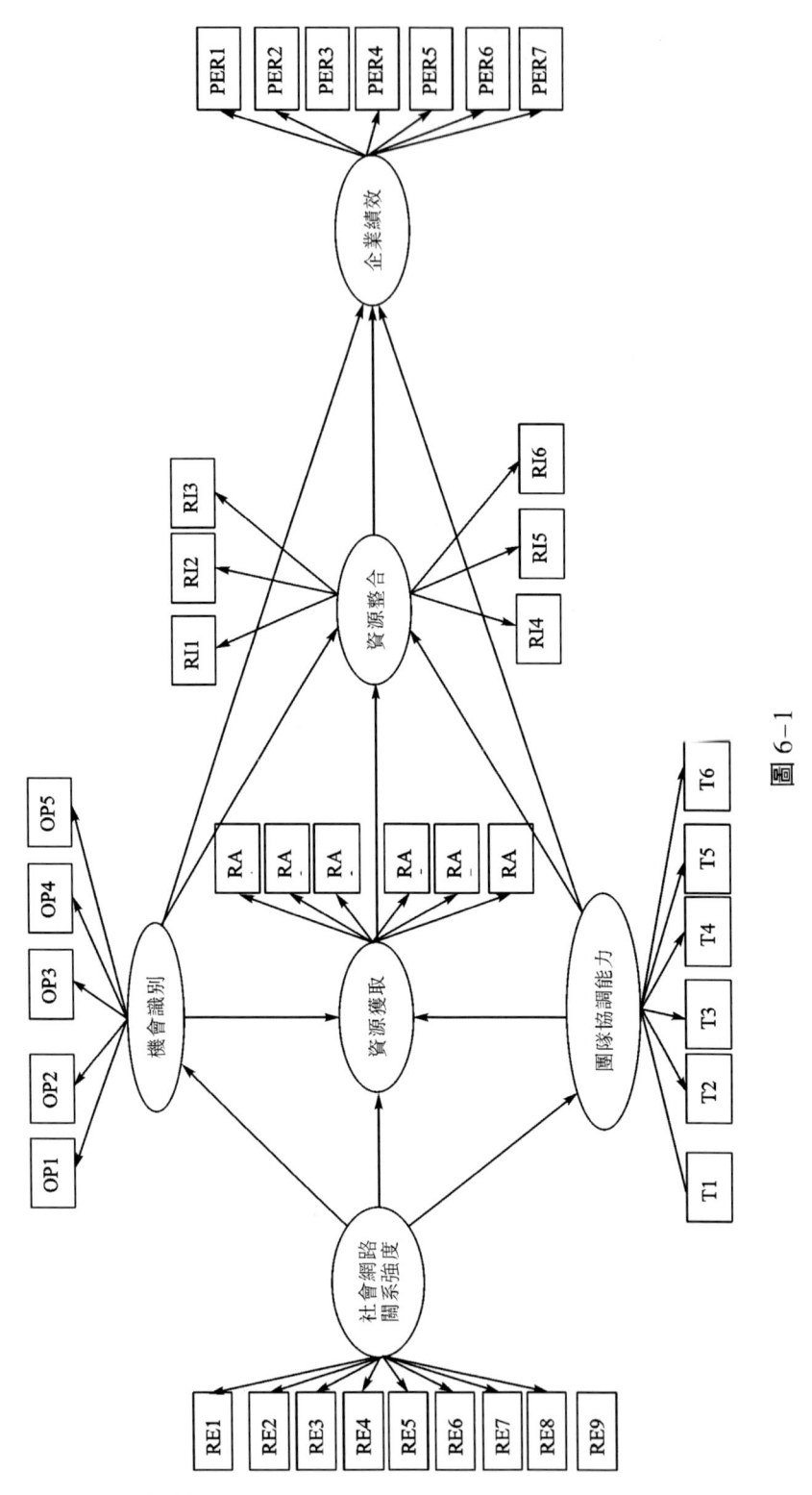

图 6-1 社會網路關係強度視角下的創業行為研究

tent construct）以橢圓形來表示，觀測變量（observed variable）則以矩形來表示。

6.5.2 整體模型適配度

我們可以通過擬合指數來分析假設模型與實際觀察數據的擬合情況，Marsh、Hau 和 Grayson（2005）將擬合指標分成三種類型：絕對擬合指數（absolute fit measures）、相對擬合指數（relative fit measures）、簡約指數（parsimonious fit measures）。整體模型的擬合指數見表 6-13 所示。整體而言，綜合各項指標的判斷，本書的整體理論模型擬合度較好，可以用來檢驗本書所提出來的理論假設。

表 6-13　　　　　　　　模型擬合指數

	擬合指標	模型估計	解釋
絕對擬合指數	卡方與自由度的比值	1.670	可以接受,小於 2
	GFI(良性擬合指標)	0.922	很好,大於 0.90
	AGFI(調整的良性擬合指標)	0.891	可以接受,接近 0.90
	RMR(殘差均方根)	0.027	很好,小於 0.05
	RMSEA(近似誤差均方跟)	0.780	可以接受,小於 0.80
相對擬合指數	NFI(規範擬合指標)	0.941	很好,大於 0.90
	TLI(Tucker-Lewis 指標)	0.934	很好,大於 0.90
	IFI(增值擬合指標)	0.944	很好,大於 0.90 接近於 1
	RFI(相對擬合指標)	0.935	很好,大於 0.90
	CFI(比較擬合指標)	0.972	很好,大於 0.90 接近於 1
簡約擬合指數	PCFI(簡約比較擬合指標)	0.720	很好,大於 0.50
	PNFI(簡約規範擬合指標)	0.643	很好,大於 0.50

6.5.3 路徑及假設檢驗

本研究理論模型的路徑及假設檢驗結果如表 6-14 和圖

6-2 所示：假設 H1a、H1b、H1c、H2a、H2b、H3a、H3b、H3c、H4a、H4b 的 P 值都小於 0.05，這些假設都獲得了支持，而假設 H2c 的 P 值均大於 0.05，未獲得支持。

之所以 H2c 的假設不成立，可能是因為僅是機會識別並不能給創業績效帶來任何提高。創業機會還要結合團隊、資源，並通過創業團隊將資源創造性地結合起來，迎合市場需求，才會產生傳遞價值的可能性，而且也只有這種可能性才會影響創業績效。本研究發現創業者的機會識別到創業績效的過程，必須經由機會、團隊、資源三者的匹配整合方能影響創業績效。本書的研究成果與 Timmons（1974）提出的創業過程模型一致。

表 6-14　　理論模型的路徑及假設檢驗

路徑假設	變量間的關係	路徑系數	P 值	檢驗結果
H1a	關係強度 ⟶ 機會識別	0.27^{***}	0.000	支持
H1b	關係強度 ⟶ 資源獲取	0.54^{***}	0.000	支持
H1c	關係強度 ⟶ 團隊協調能力	0.62^{***}	0.000	支持
H2a	機會識別 ⟶ 資源獲取	0.69^{***}	0.000	支持
H2b	機會識別 ⟶ 資源整合	0.60^{**}	0.034	支持
H2c	機會識別 ⟶ 創業績效	0.11	0.147	不支持
H3a	團隊協調能力 ⟶ 資源獲取	0.59^{***}	0.000	支持
H3b	團隊協調能力 ⟶ 資源整合	0.47^{*}	0.041	支持
H3c	團隊協調能力 ⟶ 創業績效	0.70^{***}	0.000	支持
H4a	資源獲取 ⟶ 資源整合	0.35^{*}	0.031	支持
H4b	資源整合 ⟶ 創業績效	0.63^{***}	0.000	支持

註：路徑系數均為標準化系數，*** 表示 $p<0.001$，** 表示 $p<0.01$，* 表示 $p<0.05$。

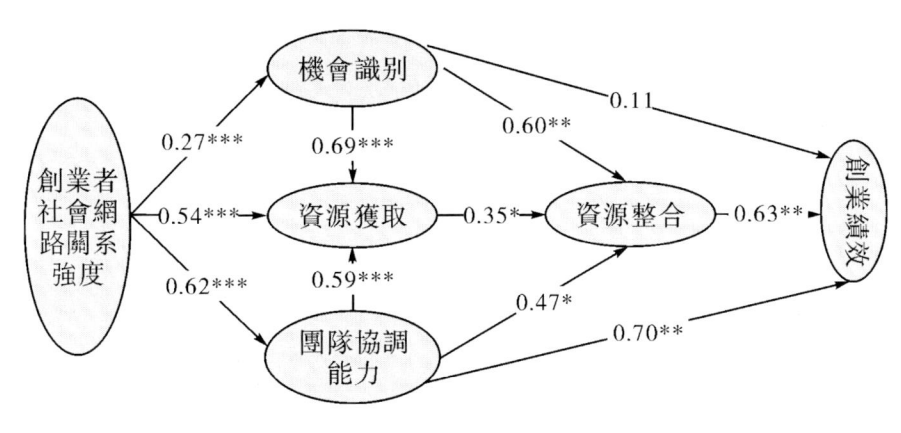

圖 6-2　理論模型的路徑圖

6.5.4　分組結構方程模型檢驗

為了驗證本研究的理論模型中所提出的假設在不同產業的樣本之間是否成立，我們有必要採用多樣本結構方程模型進行分析。我們根據所收集的問卷資料，按照產業特徵將樣本細分為高科技企業和非高科技企業（主要為一般製造業和服務業）兩部分。

本書運用分組結構方程模型對本研究的理論模型進行驗證，結果如表6-15所示，對於具有不同產業特徵的樣本企業，本書的假設結果和理論模型存在差異。

經過不同產業的分組比較，本書獲得了許多有價值的發現。團隊協調能力到創業績效之間的假設 H3b 在全體樣本的結構方程模型中的相關關係是成立的；但是在分組比較時，兩者之間的關係就不存在了，它需要通過資源整合的仲介變量來傳遞這種影響關係。為什麼會存在這種差異呢？本書將在第七章對此進行解釋。

表6-15　不同產業特徵樣本企業的假設檢驗

路徑假設	變量間的關係	高科技企業（n=90）路徑係數	P值	檢驗結果	一般製造業和服務業（n=117）路徑係數	P值	檢驗結果
H1a	關係強度——機會識別	0.35***	0.000	支持	0.26***	0.000	支持
H1b	關係強度——資源獲取	0.65***	0.000	支持	0.55***	0.000	支持
H1c	關係強度——團隊協調能力	0.95***	0.000	支持	0.88***	0.000	支持
H2a	機會識別——資源獲取	0.70***	0.000	支持	0.73***	0.000	支持
H2b	機會識別——資源整合	0.55*	0.025	支持	0.65*	0.033	支持
H2c	機會識別——創業績效	0.63	0.155	不支持	0.55	0.126	不支持
H3a	團隊協調能力——資源獲取	0.72***	0.000	支持	0.63***	0.000	支持
H3b	團隊協調能力——資源整合	0.43***	0.000	支持	0.56***	0.000	支持
H3c	團隊協調能力——創業績效	0.82	0.134	不支持	0.72***	0.000	支持
H4a	資源獲取——資源整合	0.45*	0.031	支持	0.53*	0.028	支持
H4b	資源整合——創業績效	0.75***	0.000	支持	0.69***	0.000	支持

註：路徑係數為標準化值；*** 表示 $p<0.001$；** 表示 $p<0.01$；* 表示 $p<0.05$。

在本研究中，創業者社會網絡關係強度、機會識別、資源獲取、團隊協調能力、資源整合及創業績效之間的關係並不是任意排列的，它們之間存在特定的路徑。修正後的理論模型見圖6-3。

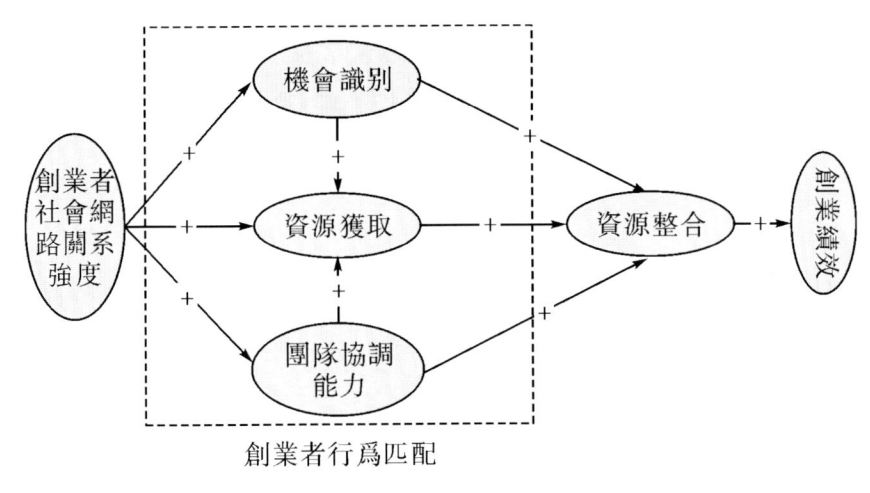

圖 6－3　理論模型的修正

6.6　本章小結

　　在本章，我們根據正式問卷的調查樣本，首先基於創業者個體特徵進行方差分析，方差分析結果有助於瞭解不同創業者個體特徵對社會網絡關係中與網絡成員關係強度的影響。其次進行了主要變量的相關分析，分析結果初步確定了研究變量之間的相關關係。再次，本研究同時探討了創業者初期社會網絡關係強度與創業者機會識別的內在機理，運用層次迴歸證實了創業者的先驗知識和創業警覺性的調節作用。最後，運用結構方程模型，探討本研究中各個變量之間的相互關係。檢驗結果表明，假設大部分都得到支持；同時也進行了分組結構方程模型檢驗，考察不同產業特徵時各個變量之間的相互關係，並修正了本研究的理論模型。

7 結論、創新點與展望

本部分是本研究的總結，首先總結了本研究的結論，然後提出了本研究可能的創新點和實踐意義，最後分析了本研究的局限和未來研究展望。

7.1 結論

7.1.1 結論一

本書通過探討創業者初期社會網絡關係強度與創業者機會識別的內在機理，採用層次迴歸模型檢驗並證明了創業者的先驗知識和創業警覺性對創業者社會網絡關係強度與機會識別的調節作用。

（1）創業者先驗知識正向調節創業者社會網絡關係強度與創業機會識別的作用關係（$\beta = 0.184$，$p < 0.05$）。張玉利（2008）等認為機會發現不僅需要創業者獲取與機會相關的有價值信息，而且要求他能解讀機會的信息與商業含義。Reuber 和 Fischer（1999）也指出，在獲取機會信息的條件下，只有當個體的先前經驗存量有助於其合理解讀機會信息價值時，他才能真正看到創業機會。先驗知識能夠給創業者帶來特定領域的深

度知識，能夠加強創業者對專業領域內問題的分析判斷能力，使得創業者能迅速抓住轉瞬即逝的創業機會。

（2）創業警覺性正向調節著創業者社會網絡關係強度與創業機會識別的作用關係（β = 0.227，p < 0.05）。很多學者（Shane，2000；Koppl、Minniti，2003；Shapero、Albert，1975；Gaglio、Katz，2001；Cooper，1977）指出，事實上，很多時候並不是因為創業者比非創業者知道得更多，而是因為創業者在恰當的時候、恰當的場合以及恰當的領域獲取了恰當的機會信息。本研究的實證分析結果也得到了與眾學者相同的結論。倘若創業者缺少必要的警覺性，則將很難發現創業機會。

7.1.2 結論二

本研究提出了基於創業者社會網絡下的創業行為的理論模型。雖然在現有研究中，很多學者提出了創業者社會網絡對創業績效有著重要的影響，但是絕大部分的研究很少再進一步探討創業者社會網絡是如何來影響創業績效的，其內部的機制和路徑到底是什麼。本研究基於資源理論構建了創業者社會網絡對創業績效的影響機制模型，這個模型經過我們的實證研究是有效的。在模型中，證實了創業者社會網絡關係強度與機會識別、團隊協調能力及資源獲取之間的內在關係，其假設經過實證得到證明。

（1）創業者社會網絡關係強度與機會識別有顯著的正向關係。研究結果與國外學者 Granovetter 的「弱連帶優勢」及 Burt（1992）的觀點不一致。他們認為一個強關係很多的社會關係網絡中，重複的通路也比較多，而弱聯繫則不會浪費。但費孝通（1948）指出中國的社會網絡關係是由關係親疏遠近由內而外的一層一層關係，不同層的關係適用不同的互動規範；羅家德（2006）將這種互動規範稱之為家人關係、熟人關係以及弱關

係。對於機會識別而言，梁靜波（2007）指出強關係通過建立信任橋樑提高創業者機會識別。邊燕杰（1997）提出在中國計劃經濟體制下，強關係在經濟活動中扮演著比弱關係更為重要、更為關鍵的角色。本研究通過全樣本的結構方程進行分析，結果顯示，創業者社會網絡關係強度與機會識別的相關係數為 0.27（$P<0.001$），分組結構方程模型分析也支持了創業者社會網絡關係強度與機會識別之間的正相關關係。強關係給創業者與社會網絡成員間帶來的特殊信任及熟悉程度，都有助於彼此間的坦誠交流。在信息流動及共享間，創業者更能透過睿智的目光探尋到信息中所蘊藏的創業機會。

（2）創業者社會網絡關係強度與資源獲取有顯著的正向影響關係。根據 Peng 和 Luo（2000）的觀點，在中國，非國有企業、小公司和服務業中的正式制度較弱，資源總量比較少，管理者通過鑲嵌在其人際關係間的關係獲取所需要的信息和其他資源。本研究的結果表明，創業者社會網絡關係強度對資源獲取的影響路徑系數為 0.54（$P<0.001$），分組結構方程模型分析也支持了創業者社會網絡關係強度與資源獲取之間的正相關關係。在中國轉型經濟階段，創業者要獲取創業中所需要的人財物等資源，必須通過自身的社會網絡來實現。基於中國特殊的人情和人際關係，創業者的人脈是以自我為中心的網絡格局，通過差序格局一圈又一圈的關係來獲取企業生存和發展所需要的各種資源，倘若創業者的關係網具有很多的強連帶，則會降低創業者獲取各種資源的成本。

（3）創業者社會網絡關係強度與創業團隊協調能力有顯著的正向影響關係。本研究的結果表明，創業者社會網絡關係強度對創業者團隊協調能力的影響路徑系數為 0.92（$P<0.001$），分組結構方程模型分析也支持了創業者社會網絡關係強度與團隊協調能力之間的正相關關係。

Hite（2005）指出，社會網絡是企業家創業中最有價值的資產之一。社會網絡對形成創業團隊並維繫團隊成員之間的關係至關重要。通過大凡能進入視野的中國本土企業，諸如希望集團、國美、娃哈哈、美的、華為、雅戈爾等著名企業，也包括每人身邊無處不在的默默奮鬥著的不知名小企業，不難發現，它們成立之初的創業團隊多由家人、同學、熟人構成，也正是這種強關係促成了創業之初團隊出色的經營能力，即中國企業家的創業實踐充分證實了創業者社會網絡關係強度與創業團隊協調能力有顯著的正向關係。

7.1.3　結論三

本研究還證實了創業者機會識別與團隊協調能力對資源獲取的影響。其假設也得到證明：H2a——創業者機會識別越強，資源獲取越高效；H3a——創業團隊協調能力與資源獲取正相關。這給了我們一些啟示，倘若創業者對機會有著敏銳的把握，則有同樣的可能把握住實現該機會所需要的資源。H3a假設的成立，印證了中國一句俗話，人多力量大。相比單個創業者，團隊更有可能從多元化路徑獲取創業資源，這是其一；其二，相比一般團隊，協調能力強的團隊獲取資源的效率更高，這便是眾人拾柴火焰高。

7.1.4　結論四

在第六章中的分組結構方程模型檢驗中，我們發現，團隊協調能力到創業績效之間的假設H3b在全體樣本的結構方程模型中的假設關係是存在的。但是在分組比較時，兩者之間的關係就不存在了，它需要通過資源整合的仲介變量來傳遞這種影響關係。之所以存在這種影響關係，主要是因為：

在非高科技企業（主要是服務業）中，創業團隊協調能力

到創業績效之間的直接路徑關係還會存在。這是因為，與高科技企業相比，這類企業的內部管理相對穩定，這種線性發展的預期致使其組織架構可能趨於剛性，即更依賴官僚行政組織來運行。但在官僚行政作風盛行的地方，相關工作的順利推行在很大程度上便靠成員的協調溝通能力。不難理解，與高科技企業相比，非高科技企業的創業團隊的協調能力尤顯重要，創業團隊的協調能力越強，越能夠協調企業各方面的發展及資源再分配，因此創業團隊協調能力到創業績效之間存在直接路徑關係。

在以技術創新為導向的高科技企業，從創業團隊的協調能力到創業績效，必須通過資源整合的仲介作用。這是因為，技術創新形成的核心能力是企業賴以發展和生存的重要因素。根據謝洪明（2007）的定義，技術創新通過加強企業研發、生產、市場等部門的協作，能夠提高現有資源和新引進資源的利用率，使得企業的研發能力、生產能力和行銷能力得到增強。可見，在技術導向的高科技企業中，創業團隊必須將技術、生產與行銷等資源進行整合，形成企業的核心能力。也就是說，團隊協調能力之於非高科技企業，則類似資源整合之於高科技企業，資源整合對該類企業的重要性不言而喻。

7.1.5 結論五

本研究的結果揭示出創業者社會網絡對創業績效的影響過程是複雜的，創業者的社會網絡與創業行為匹配（主要為：機會識別、團隊、資源獲取三者的匹配）並不能夠直接提升創業績效，而是需要通過資源整合的路徑影響。其實際路徑包括：①創業者社會網絡→機會識別→資源整合；②創業者社會網絡→資源獲取→資源整合；③創業者社會網絡→團隊協調能力→資源整合；④創業者社會網絡→創業者行為匹配→資源整合→

創業績效。

　　研究結論表明發現創業者的社會網絡到創業績效的過程，必須通過機會、團隊、資源三者的匹配整合才能夠實現。也就是說，創業行為對創業績效的影響是通過資源整合來完成的。事實上，即使創業者能夠發現一個好的機會，並構建了團隊，獲取了新創企業發展所需要的資源，若忽略了資源整合，則創業績效會受影響。如何通過資源整合促進新創企業績效的提高，是創業者在創業過程中必須關注的問題。

7.2　可能的創新點

　　本研究基於社會網絡理論、資源理論以及創業理論，分析了在轉型時期，環境快速變化情況下創業者社會網絡關係強度對創業者機會識別、團隊協調能力和資源獲取的影響，並探討了創業機會識別的不同途徑與類型、創業團隊的團隊協調能力、創業資源獲取的匹配方式對創業結果的影響，以及資源整合的路徑作用。同時還著重分析了創業者社會網絡關係強度對創業機會識別的作用機制和效果，彌補了以往研究中忽視創業機會識別的多維度屬性、片面強調環境資源對創業的激勵約束作用而忽視創業機會的主觀性對創業的影響等方面的缺陷。具體而言，本研究努力在如下方面有所創新：

　　（1）本研究構建並驗證了創業者社會網絡關係強度、創業者行為（機會識別、團隊協調能力、資源獲取）、資源整合和創業績效的整體模型。與前人研究有所不同的是，本研究強調創業過程中機會識別、團隊協調能力和資源獲取之間的匹配關係，而不是單獨分析創業過程中的三個核心要素，並考慮到了不同的社會網絡關係強度對上述各關鍵要素的影響及作用機理。以

往的研究僅僅分析社會網絡如何促進創業的問題，未能進一步分析社會網絡與創業成功之間的關係。本書在建立創業機會識別、團隊構建與資源獲取及資源整合之匹配模型的基礎上，進一步分析不同的創業者社會網絡關係強度如何通過影響創業機會識別、團隊構建、資源獲取整合能力等要素進而影響創業成功。

（2）依據此整體模型，利用結構方程建模來驗證相關假設。為了使得所構建的理論模型具有研究所需的嚴謹性及合理性，還採用分組結構方程模型檢驗對模型進行了優化。本書根據207份創業者的調查數據，採用層級多元迴歸方法，探討創業者初期社會網絡關係強度與創業者機會識別、團隊協調能力、資源獲取的內在機理。其中在探討關係強度與機會識別之間的作用機理時，主要檢驗了創業者的先驗知識和創業警覺性對創業者社會網絡關係強度與機會識別之間的調節作用；同時還運用Baron和Kenny（1986）的仲介效應檢驗程序對資源整合在創業行為與創業績效之間的仲介作用進行實證檢驗。

（3）本研究構建並驗證了創業者社會網絡關係強度、創業者行為（機會識別、團隊協調能力、資源獲取、資源整合）和創業績效三者關係的整體模型。以往關於社會網絡結構特徵對創業的影響機制研究，通常用網絡規模、網絡密度、關係強度、中心性、結構洞等維度來衡量社會網絡結構，從多個維度來探討社會網絡結構對創業的影響。這樣可以探討各維度之間的交叉影響，然而由於研究方法的局限性等因素，還缺乏在各維度間交叉影響的研究。同時，現有的研究也在某種程度上忽視了對某一維度特徵的深入研究。費孝通說華人社會是差序格局（1948）。差序格局是一種因關係親疏遠近不同而有差別待遇的行為模式，強調的是華人以自我為中心建立自己的人脈網絡。在華人社會這樣的「人情社會」、「關係社會」中，網絡的內圈

外圈、圈內圈外的關係不同，而關係的遠近程度、信任程度不同帶來的創業行為方式的差異更加值得關注。因此，本研究以華人社會網絡結構中一個重要的維度（關係強度）作為本書的研究對象，著重探討了華人社會網絡的關係強弱對創業行為以及創業結果的影響。

7.3 實踐意義

1. 創業者應基於中國特定的情境與文化下來擴展自身的社會網絡

本書的研究表明創業者的社會網絡有利於創業行為。但顯而易見的是，社會網絡要發揮作用，不僅離不開網絡所扎根的環境，而且是深深「嵌入」其中。脫離特定的情境與文化，而抽象地談論社會網絡，似乎無甚意義和價值。因此，對中國創業者而言，基於中國特定的情境與文化背景，而非僅從理論的抽象層面來理解社會網絡，肯定更有意義。正如前面一再指出的那樣，中國社會網絡肯定有其獨特性。從中國的傳統文化上看，梁漱溟指出，中國社會既非個人本位，亦非社會本位，而是關係本位，也就是說人被安置在一個關係網中，人乃是關係的存在，個體與他人的關係是相互依賴的。費孝通（1948）也指出，華人是一個差序格局的社會，因為關係親疏遠近之不同而形成由內而外的一層層關係網絡，不同層的關係適用不同的互動規範。黃光國（1987、1988）也指出了華人的三層關係，即情感性關係、工具性關係以及混合了情感與工具交換的混合性關係，我們可以分別將其對應為家人、生人以及熟人。其互動規範分別適用需求法則、公平法則以及人情法則。因此，創

業者在中國特定情境和文化背景下，其社會網絡的構建將受到情境和文化規範的制約，創業者應該充分利用自身網絡的獨特性（譬如差序格局所表徵的親疏關係等），構建有利於創業行為的社會網絡。

2. 創業者在創業過程中應善於把握機會

本書通過層次迴歸證實了創業者的先驗知識和創業警覺性正向調節創業者社會網絡關係強度與機會識別的關係。本書的研究表明，雖然創業者通過社會網絡獲取的外部信息為創業機會的識別提供了可能性，但是倘若創業者沒有特定行業的先驗知識和創業警覺性，恐怕不能確定外部信息所隱含的價值。創業者個體能否感知到創業機會的存在，很大程度上取決於其自身的先驗知識和創業警覺性。因此，具有創業意願的個體，在機會識別的過程中，不應只拘泥於從其社會網絡中獲取信息，而應更加注重提升自身的先驗知識和創業警覺性，利用自己擁有的先驗知識對所獲取的信息進行篩選，從而發現具有創新性的創業機會。

置身於中國特色的社會經濟和文化背景之下，在轉型經濟時期，創業者面臨著市場和制度環境的急遽變化。這種環境的不確定性，既為創業者帶來挑戰，又蘊藏著巨大的機會。如創業警覺性理論所揭示的那樣，創業者要富有創業激情以及對創業成功的無限渴望。然而激情如果有知識來引導，則更理想。因此在提升先驗知識這方面，創業者應該保持開放的心態，在積極總結自身創業經驗的同時，應善於學習，並積極與各個行業的人員進行交流；不僅與強關係群體打交道，還應善於與弱關係的圈子溝通。這樣不僅能夠獲取多樣且異質的信息，而且還避免了信息的冗餘，這些都有助於創業者發現更多的創業機會。

3. 創業者在創業過程中應注重資源整合的仲介作用

本研究將資源理論引入創業者社會網絡分析，通過結論中可知，資源整合是創業者社會網絡與創業績效間關係的仲介變量。本書將創業資源的利用過程分為資源獲取及資源整合，這種劃分在為研究厘清思路的同時，可能在實踐層面更富操作性。資源獲取形成了企業資源，是支持企業持續性競爭優勢的基礎和來源，創業者應該利用各種路徑以合理的成本獲得所需資源。創業資源獲取對創業成功固然重要，但是資源整合則更為關鍵，它形成了新創企業的競爭能力。資源基礎論認為企業是異質性資源的組合，創業過程其實就是整合異質性資源的過程。資源創業者可以通過資源整合來實現這種競爭優勢。因此創業者應以構建企業核心能力為導向，對手中現有的資源進行創造性整合。在整合過程中，創業者及其創業團隊發揮著至關重要的作用。

4. 創業者還應該注重發揮創業團隊的作用

通過前面的實證，我們發現無論在非高科技企業抑或高科技企業，創業團隊的協調能力對創業績效直接或間接存在相關關係。創業團隊所涉及的工作很多，包括團隊成員構成（吸收及淘汰）、分工、協調合作等。這些問題以及有關這些問題輕重緩急的排序，通常會使創業者面臨很大考驗。本書通過文獻梳理，認為圍繞「團隊協調能力的提升」至少為上述團隊諸多問題的輕重緩急提供了排序依據，進而為團隊問題提供了一種解決思路。

7.4 局限及展望

7.4.1 局限

本研究雖然提出了一些創新性的學術觀點並證實了相關結論，應該說對學術研究和實際工作有一定的指導意義，但是基於筆者時間、人力和物力的限制，以及研究對象的特殊性，本研究在理論探討和實證研究中仍存在一定的局限性。

（1）取樣有限。雖然本書的理論模型構建在前人研究的理論基礎上，其結論在一定程度上能夠推斷理論模型中各個潛變量之間的因果關係；但是，由於受到時間和經費的限制，本研究選取的是方便樣本，樣本主要選取自四川省，沒有選取其他省份的樣本。為了解決這個問題，可以擴大樣本的收集省份，選取大樣本進行數據分析，以進一步檢驗本研究的理論模型的合理性、正確性及相關結論。

（2）研究方法局限。本研究採用問卷調查方法來測量變量，受到樣本的普遍性及個人特質等多方面的影響，一些測量指標可能存在一定程度的回答偏差，這些在一定程度上會影響本書結論的準確性。另外，本研究主要採用橫剖調研而沒有採取縱向調研法（追蹤數據分析法）。創業者的社會網絡具有動態性，其對創業行為的影響是處在發展當中的，因而不能完全肯定本研究中理論模型中各個潛變量之間的因果關係。創業是一個動態發展的過程，如果能夠採用縱向分析和橫向分析相結合的方法，將會使得本研究更加完善。

（3）本研究對創業團隊能力的研究，重點放在創業團隊協調能力對資源獲取和資源整合的影響上，因此沒有考慮創業團

隊異質性、創業團隊的規模與角色、成員的關係及能力結構等，這些都是未來需要深入挖掘研究的。

（4）提名法的局限。本問卷需要創業者回憶對自己創業過程中幫助最重要的三個人，由於時間間隔太長，可能影響創業者的回憶。而且 Lin（1999）指出，使用提名法的網絡邊界不易確定，而且被調查者更可能提出與自己關係較強的名單，弱關係容易被遺漏，從而有可能造成研究的偏差。

由於社會網絡關係內容和社會網絡治理機制測量方法上的局限性，已有的大部分研究均選擇用社會網絡結構維度分析社會網絡，而且是多維度同時進行。社會網絡結構維度包括網絡規模、網絡密度、網絡關係強度等，而本書卻只是從單一結構維度（即創業者社會網絡的關係強弱程度維度）探討問題。雖然理論主張來源於 Granovetter 弱連帶關係理論，仍難免有以偏概全之嫌。

7.4.2 展望

本研究可以從以下幾個方面作進一步的探討：

（1）創業者社會網絡與創業行為之間的關係是動態發展的。這裡首先圍繞社會網絡動態及創業行為動態分別作一個探討。

什麼是社會網絡的動態過程？何雪松（2005）指出，這一過程涉及社會網絡如何在一定脈絡下因時而變以及個人如何操控其社會網絡。社會網絡學者認為社會網絡的動態過程可以從三個向度來進行理解：網絡建構、關係維持與資源動員。①網絡建構。網絡建構即擴大網絡和改變網絡的構成。有學者認為可以有三種方式建立網絡或關係：經由第三方建立關係、經由社會參與建立關係以及在現有關係上增添新的關係（Holt,1991）。②關係維持。Dinda 和 Canary（1993）將關係維持定義為「確保關係的存在、將關係穩定在某一水準、將關係保證在

一個滿意的水準、修補關係」。③資源動員。資源動員是社會網絡動態過程的一個重要組成部分，即人們在何種情形下從何處獲得何種資源，換言之即個人如何使用其社會網絡。這是一個尋求資源與接受支持的過程。

在創業的不同階段，網絡建構、關係維持、資源動員肯定會呈現出不同的特點：在網絡構建方面，一般而言，創業早期更依賴於創業者的個人網絡，越到後期越依賴於團隊成員及組織所構建的網絡；這裡有一個由早期注重數量及個性化的特點逐步向注重質量及多元化的過渡。在關係維持方面，由早期注重強關係到後來注重弱關係，即各種合作對象的選擇由早期依創業者個人偏好逐步過渡到依組織戰略目標的需要來選擇合作夥伴。資源動員方面亦呈現出與關係維持類似的特徵。在創業不同階段，創業者將從不同的關係（或網絡）成員那裡尋求不同的社會支持。也就是說，人們的資源動員策略是具有情景特殊性的，創業早期更倚重創業者個人強關係，到後期則創業者及團隊成員的弱關係會發揮越來越大的作用。

從幾個創業行為構成要素來探討其動態發展過程。一是機會識別。創業早期，創業者首先關注「有無」機會，其次才關注是什麼樣的機會，即對數量的關注優先於對質量的關注，而在創業後期則注重機會的質量。二是資源獲取。由早期更多因生存需要而產生的對創業資源數量的追求過渡到對質量及企業能力（資源整合能力）的追求。三是創業團隊。早期團隊成員通過創業者個人網絡中的強關係招募及維繫，通常對創業成員的要求是要富有創業激情，強調冒險和開拓精神；而後期對成員的選擇由創業者的個人行為逐步過渡到組織行為，對成員更強調其守業、經營的素質。

為了能從時間和空間維度立體式地考察社會網絡與創業行為之間的動態關係，今後的研究可以採用追蹤研究探討兩者的

因果關係及內在機制，從而進一步瞭解創業者社會網絡的各個因素對創業行為的影響程度。同時，我們有必要考察創業者在企業初建階段、建立初期、起飛階段、成熟階段的社會網絡關係。

（2）創業團隊的異質性對績效的影響也是一個非常重要的方面，應該把創業團隊和資源有機結合，研究其對創業績效的影響。由於本研究側重於以創業者社會網絡為主線，是基於創業者社會網絡視角下的創業行為的研究，因此，只有把創業團隊的異質性納入研究，對這一關係加以理論探討和細緻研究，才能起到豐富理論模型、全面解釋實際現象的作用。

（3）分行業進行研究，提供更具價值的指導。受到人力、物力和時間的限制，本研究的取樣有限，因此沒有針對不同的行業進行比較研究。本研究只是將樣本劃分為高科技與非高科技企業，得出一些有價值的結論，但是各個行業的企業之間都會存有較大的差異。因此，在可能的條件下，可以進行分行業研究，從而可以為各個行業提供更具有價值的指導。

參考文獻

[1] ALCHIAN A A, DEMSETZ H. Production, information costs, and economic organization [J]. The American Economic Review, 1972, 62 (5): 777-795.

[2] ALDRICH H E, PFEFFER J. Environments of organizations [J]. Annual Review of Sociology, 1976(2): 79-105.

[3] ALDRICH H E, WALDINGER R. Ethnicity and entrepreneurship[J]. Annual Review of Sociology, 1990(16): 111-135.

[4] ALDRICH H E, ZIMMER C. Entrepreneurship through social networks [J]. The Art and Science of Entrepreneurship, 1986, 3-24.

[5] ALVAREZ S A, BUSENITZ L. The entrepreneur ship of resource - based theory [J]. Journal of Management, 2001 (27): 755-775.

[6] AMIT R, SCHOEMAKER P J H. Strategic assets and organizational rent [J]. Strategic Management Journal, 1993, 14 (1): 33-47.

[7] ARDICHVILID A, CARDOZOB R, RAY S. A theory of entrepreneurial opportunity identification and development [J]. Journal of Business Venturing, 2003(18): 105-123.

[8]ARGYLE. Cooperation [M]. London: Routlege, 1991.

[9]BAGOZZI R P, YI Y. On the evaluation of structural equation models [J]. Journal of the Academy of Marketing Science, 1988, 16 (1): 74 -94.

[10]BAKER T, NELSON R. Creating something from nothing: resource construction through entrepreneurial bricolage [J]. Administrative Science Quarterly, 2005(50): 329 -366.

[11]BALDWIN J, PICOT G. Employment generation by small producers in the Canadian manufacturing sector [J]. Small Business Economics, 1995, 7 (4): 317 -331.

[12]BLATT R. Tough Love: how communal schemas and contracting practices build relational capital in entrepreneurial teams[J]. Academy of Management Review, 2009, 34(3): 533 -551.

[13]BANTEL W A, JACKSON S E. Top management and innovations in banking: does the composition of the top team make a difference? [J]. Strategic Management Journal, 1989(10): 107 -124.

[14]BARNEY J B. Firm resource and sustained competitive advantage [J]. Journal of Management, 1991, 17 (1): 99 -120.

[15] BARNEY J B. Strategic factor markets: expectations, luck, and business strategy [J]. Management Science, 1986(10): 1231 -1241.

[16]BARON R A. Opportunity recognition as pattern recognition : how entrepreneurs「connect the dots」to identify new business opportunities[J]. Academy of Management Perspectives, 2006, 20 (1): 104 -119.

[17]BARON R M, KENNY D A. The moderator – mediator variable distinction in social psychological research: conceptual, strate-

gic, and statistical considerations[J]. Journal of Personality & Social Psychology, 1986(51): 1173-1182.

[18] BASSETT - JONES N. The paradox of diversity management, creativity and innovation [J]. Creativity and Innovation Management, 2005, 14 (2): 169-175.

[19] BHAVE M P. A Poreess model of enterPreneurial venture creation[J]. Jounral of Business,1994,9(3):223-242.

[20] BIAN YANJIE. Bringing strong ties back in: indirect Connection, Bridges, and Job Search in China [J]. American Sociological Review, 1997a, 62 (3): 366-385.

[21] BIAN YANJIE, SOON ANG. Guanxi networks and job mobility in China and Singapore [J]. Social Forces, 1997b, 75: 981-1006.

[22] BIRLEY S. The role of network in the entrepreneurial process [J]. Journal of Business Venturing, 1985,1(1):107-117.

[23] BLACK J A, BOAL K B. Strategic resources: traits, configurations and paths to sustainable competitive advantage [J]. Strategic Management Journal, 1994, 15: 131-148.

[24] BORGATTI S P, FOSTER P C. The network paradigm in organizational research : a review and typology [J]. Journal of Management,2003,29:991-1013.

[25] BOURDIEU P. Sociology in question [M]. London:Thousand Oaks and New Delhi, SAGE Publications, 1993.

[26] BOURDIEU PIERRE. The forms of social capital//Handbook of theory and research for the sociology of education. JOHN G, RICHARDSON, WESTPORT. CT:Greenwood Press. 1986.

[27] BOYATZIS R E. The competent manager: a model for ef-

fective performance [M]. New York: Willey, 1982.

[28] BRISLIN R. The wording and translation of research instruments [M]//Field methods in cross cultural research. Beverly Hills, W LONNER, J BERRY. CA: Sage Publications, 1986.

[29] BROCKHAUS R H. Risk-taking propensity of entrepreneurs [J]. Academy of Management Journal, 1980, 23(3): 509-520.

[30] BRUCE KOGUT, UDO ZANDER. Knowledge of the firm, combinative capabilities, and the replication of technology. Organization Science, 1992.

[31] BRUSH C G, GREENE P G, HART M M. From initial idea to unique advantage: the entrepreneurial challenge of constructing a resource base [J]. Academy of Management Executive, 2001(15): 64-78.

[32] BRUSH C G, GREENE P G, HART M M. Resource configurations over the life cycle of ventures [J]. Frontiers of Entrepreneurship Research, 1997:315-329.

[33] BURT RONALD. Structural holes: the Social Structure of competition [M]. Cambridge, MA: Harvard University Press, 1992.

[34] BURT R S. The contingent value of social capital [J]. Administrative Science Quarterly, 1997(42):39-365.

[35] BUTLER J E, BROWN R, CHAMONUNAM W. Informational networks, entrepreneursh-ip action and performance [J]. Asia Pacific Journal of Management, 2003,20:151-174.

[36] BYGRAVE W D. The entrepreneurship paradigm(Ⅰ): a philosophical look at its research methodologies [J]. Entrepreneurship Theory and Practice, 1989,14(1):7-23.

[37] CAMBELL J P, MCCLOY R A, OPPLER S H, SAGER C E A. Theory of performance[M]//SCHMITT N, BORMAN W C. Personnel Selection in Organizations. San Francisco: Josey – Bass: 1993:35 – 70.

[38] CAMPBELL C A. Decision theory model for entrepreneurial acts [J]. Entrepreneurship Theory and Practice, 1992, 17 (1): 21 – 27.

[39] CAMPBELL K E, MARSDEN P V, HURLBERT J S. Social resources and socioecono – mic status[J]. Social Network, 1986, 8 (1):97 – 117.

[40] CASSON M. The entrepreneur: an Economic Theory[M]. Oxford: Martin Robertson, 1982.

[41] CHANDLER G N, HANKS S H. An investigation of new venture teams immerging businesses [A]//P D REYNOLDS, et al. Frontiers of Entrepreneurship Research [C]. Wellesley, M A: Babson College, 1998:318 – 330.

[42] CHANDLER G N, HANKS S H. Founder competence, the environment, and venture performance [J]. Entrepreneurship Theory and Practice, Spring:1994, 77 – 89.

[43] CHANDLER G N, JANSEN S H. The founder's self – assessed competence and venture performance[J]. Journal of Business Venturing, 1992, (7):223 – 236.

[44] CHANDLER, LYON D W. Entrepreneurial teams in new ventures: composition, turnover and performance [J]. Academy of Management Proceedings, 2001.

[45] CHEN C C, CHEN X P, MEINDL J R. How can cooperation be fostered? The cultural effects of individualism collectivism

[J]. The Academy of Management Review,1998,23(2):285-304.

[46]CHURCHILL J R. A paradigm for developing better measures of marketing constructs[J]. Journal of Marketing Research,1979,2:64-73.

[47]COASE RONALD. The nature of the firm[J]. Economica,1937,4:386-405.

[48] COHEN S G, BAILEY D E. What makes teams work: group effectiveness from the shop floor to the executive suite[J]. Journal of Management. 1997(23):239-290.

[49] COLEMAN J C. Social capital in the creation of human capital[J]. American Journal of Sociology,1988.

[50]COOPER A C, BRUNO A. Success among high-technology firms[J]. Business Horizons,1977,20:16-22.

[51]COOPER A C. The founding of technologically based firms[M]. Milwaukee, US:The Center for Venture Management,1971.

[52]CRAIG J, LINDSAY N. Quantifying gut feeling in the opportunity recognition process[M]//Frontiers of Entrepreneurship Research. Wellesley, Mass.: Babson College. 2001.

[53] CUNNINGHAM G B. The influence of group diversity on intergroup bias following recategorization[J]. The Journal of Social Psychology,2006,146(5):533-547.

[54]DE KONING A, MUZYKA D. The convergence of good ideas: when and how do entrepreneurial managers recognize innovative business ideas [M]//Frontiersof Entrepreneurship Research. CHURCHILL N, BYGRAVE W, BUTLER J, BIRLEY S, DAVIDSON P, GARTNER W, MCDOUGALL P, WELLESLEY. MA: BabsonCollege,1996.

[55] DEBORAH H, FRANCIS, WILLIAM R, SANDBERG. Friendship within entrepreneurial teams and its association with team and venture performance[J]. Entrepreneurship Theory and Practice, 2000(2):5-25.

[56] DIERICKX I, COOL K. Asset stock accumulation and sustainability of competitive advantage[J]. Management Science, 1989, 35(12).

[57] DINDA K, CANARY D. Definitions and theoretical perspectives on maintaining relationships [J]. Journal of Social and Personal Relationships, 1993, 10:163-173.

[58] DOLLINGER M J. Entrepreneurship: strategies and resources[M]. Boston: Mass Irwin, 1995.

[59] DOLLINGER M J. Environmental contacts and financial performance of the small firm[J]. Journal of Small Business Management, 1985.

[60] DOUGLASS, C NORTH. Instiution, institutional change and economic performance[M]. Cambridge University Press, 1990.

[61] DYER J H, SINGH H. The relational view: cooperative strategy and sources of interorganizational competitive advantage[J]. Academy of Management Review, 1998, 23:660-679.

[62] ELFRING T, HULSINK W. Networks in entrepreneurship: the case of high-technology firms [J]. Small Business Economics, 2003.

[63] ETZIONI A. A comparative analysis of complex organizations: on power, involvement and their correlates[M]. New York: Free Press, 1961.

[64] FEESER H R, WILLARD R G. Founding strategy and performance: a comparison of high and low growth high tech firms[J].

Strategic Management,1990,11:87-98.

[65]FEI HSIAO-TUNG. Peasant life in China [M]. London: Routledge and Kegan, 1948.

[66]FIRKIN P. Entrepreneurial capital:a resource based conceptualization of entrepreneurial process[J]. Labor Market Dynamics Research Programme,Working Paper. 2001.

[67]FRANCIS H D, SANDBERG R W. Friendship within entrepreneurial teams and its association with team and venture performance [J]. Entrepreneurship Theory and Practice, 2000,25(2): 5-26.

[68]FRESE M, RAUCH A. Psychological approaches to entrepreneurial success: a general model and an overview of findings[J]. International Review of Industrial and Organizational Psychology, 2000,15(6):101-142.

[69]GAGLIO C M, KATZ J A. The psychological basis of opportunity identif-ication: entrepreneurial alertness [J]. Small Business Economics, 2001,16: 95-111.

[70]GALUNIC D, RODAN S. Resource recombinations in the firm knowledge structures and the potential for Schumpeterian innovation[J]. Strategic Managenent Journal,1998,19:1193-1201.

[71]GARTNER W B, SHAVER K G, GATEWOOD E, KATZ J A. Finding the entrepreneur in entrepreneurship [J]. Entrepreneurship Theory and Practice,1994,(18):5-10.

[72]GARTNER W B. A conceptual framework for describing the phenomenon of new venture creation[J]. Academy of Management Review, 1985,10(4):696-706.

[73]GARTNER, S A SHANE. Measuring entrepreneurship over

time[J]. Journal of Business Venturing,1995,10:283-301.

[74] GERBING D W, ANDERSON J C. An updated paradigm for scale development incorporating unidimensionality and its assessment[J]. Journal of Marketing Research,1988,25(5):186-192.

[75] GLICK W H, MILLER C C, HUBER G P. The impact of upper echelon diversity on organizational performance[M]//HUBER G P, GLICK W H. Organizational change and redesign: ideas and insights for improving performance. Oxford University Press, New York: 1993,176-214.

[76] GRANOVETTER, MARK. Economic action and social structure: the problem of embeddedness[J]. American Journal of Sociology, 1985, (91):481-510.

[77] GRANOVETTER MARK. Getting a job: a study of contacts and careers [M]. Cambridge, MA: Harvard University Press, 1974.

[78] GRANOVETTER, MARK. The strength of weak tie [J]. American Journal of Sociology, 1973, (78):1360-1380.

[79] GRANOVETTER, MARK. Business groups[M]//Handbook of economic sociology. Princeton University Press,1994.

[80] GRANT R M. Contemporary strategy analysis: concepts, techniques, application [M]. Cambridge, MA: Basis Blackwell, 1991.

[81] GRANT R M. Prospering in dynamically competitive environments:organizational capability as knowledge integration[J]. Organization Science,1996,7:375-387.

[82] GREENE P G, BRUSH C G, HART M M. The corporate venture champion: a resource based approach to role and process[J]. Entrepreneurship: Theory and Practice. 1999,23:103-122.

[83]GREVE A. Networks and entrepreneurship—an analysis of social relations occupational background, and use of contacts during the establishment process[J]. Scandinavian Journal of Management, 1995,11(1):1-24.

[84]GULATI R. Does familiarity breed trust? the implications of repeated ties for contractual choices in alliances[J]. Academy of Management Journal,1995,38(1):85-112.

[85]GULATI R. Network location and learning:the influence of network resources and firm capabilities on alliance formation[J]. Strategic Management Journal,1999.

[86]GUTH W, MACMILLAN I C. Strategy implementation versus middle management self-interest[J]. Strategic Management Journal,1986,7(4):313-327.

[87]HAIR J F, BLACK W C, BABIN B J, ANDERSON R E, TATHAM R L. Multivariate data analysis. Upper Saddle River, NJ: Prentice-Hall. 2006.

[88]HAKANSSON H. Industrial technology development—a network approach, London:Croom Helm,1987.

[89]HAKANSSON H, SNEHOTA I. No business is an island: the network concept of business strategy[J]. Scandinavian Journal of Management,1989,14:187-195.

[90]HAMBRICK D C, CHO T G, CHEN M J. The influence of top management team heterogeneity on firms, competitive moves[J]. Administrative Science,1996,41(4):659-684.

[91]HAMBRICK D C, MASON P A. Upper echelons:the organization as a reflection of its top managers[J]. Academy of Management Review,1984.

[92] HAMEL G, PRAHALAD C K. Competing for the future [M]. Boston MA:Harvard Business School Press. 1994.

[93] HAYEK F A. The use of knowledge in Society[J]. American Econnomic Review,1945,35(4):519-530.

[94] HELFAT C E. Know-how and asset complimentarily and dynamic capability accumulation: the case of R&D[J]. Strategic Management Journal,1997,18(5):339-360.

[95] HILLS G E, LUMPKIN G T, SINGH R. Opportunity recognition: perceptions andbehaviors of entrepreneurs[J]. Frontiers of Entrepreneurship Research,1997,17:168-182.

[96] HILLS G E. Opportunity recognition by successful entrepreneurs: a pilot study[J]. Frontiers of Entrepreneurship Research, 1995:103-121.

[97] HITE J M. Evolutionary processes and paths of relationally embedded network tics in emerging entrepreneurial firms[J]. Entrepreneurship Theory and Practice,2005(1):113-144.

[98] HOANG H B. Antoncic, network-based research in entrepreneurship:a critical review[J]. Journal of Business Venturing,2003(18):165-187.

[99] HOEGL M, GEMUENDEN H G. Teamwork quality and the success of innovative projects: a theoretical concept and empirical evidence[J]. Organization Science, 2001,12(4): 435-449.

[100] HOSKISSON R E. Strategy in emerging economy[J]. The Academy of Management Journal,2000,43(3):249-267.

[101] HUNT S D, MORGAN R M. The resource-advantage theory of competition: dynamics, path dependencies, and evolutionary dimensions[J]. Journal of Marketing. 1996,68(4):107-114.

[102] HUNT WALLACE. Organizational change and the atomization of modern management[J]. Management Development Forum, 1998,1(1):9-21.

[103] IBARRA H, KILDUFF M, TSAI W. Zooming in and out: connecting individualsand collectivities at the frontiers of organizational network research. Organization Science, 2005,16(4).

[104] JOHANNISSON B. Network strategies: management, technology, and change [J] International Small Business Journal, 1986, 5 (1): 19-30.

[105] KAISH S, GILAD B. Characteristics of opportunities search of entrepreneurs versus executives: source, interests, general alertness[J]. Journal of Business Venturing,1991(6): 5-61.

[106] KAMM J B, SHUMAN J C, SEEGER J A, NURICK A J. Entrepreneurial teams in new venture creation:a research agenda[J]. Entrepreneurship Theory and Practice,1990,14(4):7-17.

[107] KAMM J B, SHUMAN J C, SEEGER J A, NURICK A J. The stages of team venture formation: a derision-making mode[J]. Entrepreneurship Theory and Practiee. 1993,17(2):17-27.

[108] KILDUFF M, W P TSAI. Social networks and organizations [M]. London: Sage Publications Ltd. 2003.

[109] KIRZNER I M. Entrepreneurial discovery and the competitive market process: an austrian approach[J]. Journal of Economic Literature, 1997(35): 60-85.

[110] KIRZNER I. Competition and entrepreneurship [M]. Chicago:University of Chicago Press. 1973.

[111] KLINE R B. Principles and practice of structural equation modeling[M]. New York: The Guilford Press. 1998.

[112]KNOKE D, KUKLINSKI J H. Network analysis. newbury park, Calif: Sage. 1982.

[113]KOGUT B, ZANDER U. Knowledge of the firm, combinative capabilities, and the replication of technology[J]. Organization Science. NICOLAI J FOSS, Resource, firms, and stratedies. London: Oxford University Press. 1997,1992,(3):383-97.

[114]KOGUT B, ZANDER U. What firms do? coordination,identity,and learning [J]. Organization Science,1996,7(5):502-518.

[115]KOPPL R, MINNITI M. Market processes and entrepreneurial studies[M]. Kluwer Academic Pubishers. 2003.

[116]KRACKHARDT DAVID, JEFFREY R HANSON. Informal networks: The Company Behind the ChartHarvard Business Review[J]. 1993,(July-Aug):104-111.

[117] KRACKHARDT DAVID, LYMAN PORTER. When friends leave: a structural analysis of the relationship between turnover and stayers' attitudes [J]. Administrative Science Quarterly, 1985 (30): 242-261.

[118]KRACKHARDT DAVID. The strength of strong ties: The importance of philos in organizations [M]. Harvard Business School Press, 1992: 216-240.

[119]KRACKHARDT DAVID. Wanted: a good network theory of organization. review on structural holes: the social structure of competition by burt R. S.. Administrative Science Quarterly, 1995(40): 350-354.

[120]LANCE GRAY. New Zeal and HRD practitioner competencies:application of the ASTD competency model [J]. The Interna-

tional Journal of Human Resource Management, 1999, 10 (12): 1046-1059.

[121] LARSON A, STARR J A. A network model of organization formation [J]. Entrepreneurship Theory and Practice, 1993.

[122] LECHLER T. Social Interaction: a determ inant of entrepreneurial team venture success[J]. Small Business Economics, 2001, 16:263-278.

[123] LI Z. Entrepreneurial alertness: a exploratory study. Unpublished dissertation by Case Western Reserve University, 2004.

[124] LIN NAN. Social networks and status attainment[J]. Annual Review of Sociology, 1999(25): 467-487.

[125] LIPPMAN S, RUMELT R. Uncertain imitability: an analysis of interfirm differences in efficiency under competition [J]. Bell journal of Economics, 1984(13): 206-213.

[126] LITTLEPAGE G, ROBISON W, REDDINGTON K. Effects of task experience and group experience on group performance, member ability, and recognition of expertise[J]. Organizational Behavior and Human Decision Processes, 1997, 69(2):133-147.

[127] LONG W, MCMULLAN W E. Mapping the new venture opportunity identification process [J]. Frontiers of Entrepreneurship Research, 1984.

[128] LUO JARDER. Particularistic trust and general trust——a network analysis in chinese organization [J]. Management and Organizational Review, 2005(3): 437-458.

[129] MAKADOK R. Toward a synthesis of the resource-based and dynamic-capability views of rent creation[J]. Strategic Management Journal, 2001(22):387-401.

[130]MARCHISIO G, RAVASI D. Managing external contributions to the innovation process in entrepreneurial ventures: a knowledge – based perspective [R]. Frontiers of Entrepreneurship Research. Boston, MA: Babson College. 2001.

[131] MARSDEN PETER V, JEANNE S HURLBERT. Social resouces and mobility outcomes: a replication and extension[J]. Social Forces,1988,66:1034 – 59.

[132] MCCLELLAND D C. Testing for competence rather than for「intelligence」[J]. American Psychologist. 1973,28(1):1 – 14.

[133]MCGRATH R G, MACMILLAN I C, VENKATARAMAN S. Defining and developing competence: a strategic process paradigm [J]. Strategic Management Journal, 1995,16(4): 251 – 275.

[134] MCGRATH R G, TSAI M H, VENKATARAMAN S, MACMILLAN I C. Innovation, competitive advantage and rent: a model and test[J]. Management Science,1996,42:389 – 403.

[135]MCMULLEN J S, PLUMMER L A, ACS Z J. What is an Entrepreneurial Opportunity[J]. Small Business Economics,2007,28: 273 – 283.

[136] MEADE L M, LILES D H. Justifying strategic alliance and partnering: a prerequisite for virtual enterprising [J]. Omega, 1997,25,(1).

[137]MEEVILY B, ZAHEER A. Bridgingties: a source of firm heterogeneity in competitive capabilities [J]. Strategic Management Journal,1999,20:1133 – 1156.

[138] MILLER D, SHAMSIE J. The resource – based view of the firm in two enviroments: the hollywood film studios from 1936 to 1965[J]. Academy of Management Journal,1996,39(3):519 – 544.

[139] MINTZBERG H, RAISINGHANI D, THEORET A. The Structure of 「Unstructured」 decision process[J]. Administrative Science Quarterly,1976,21:246-275.

[140] MITCHELL J C. The concept and use of social networks [M]. University of Manchester Press:1969,2.

[141] MITSUKO HIRATE. Start-up Teams and Organizational Grouwth in Japanese Venture Firm,Tokai university. 2000.

[142] NAHAPIET J, GHOSHAL S. Soeial capital, intellectual capital and the organ ational advantage[J]. Academy of Management Review,1998,23:242-266.

[143] NELSON R, S WINTER. In search of a useful theory of innovations[J]. Reaearch Policy,1997,6(1):36-77.

[144] NELSON C. Starting your own business—Four success stories [J],Communication World, 1986,3(8), 18-29.

[145] NORDHAUG O. Competence specificities in organizations:a classificatory framework[J]. International Studies of Management & Organization,1998,28(1):8-29.

[146] O'REILLY C A, CALDWELL D F, WILLIAM P B. Work group demography, social integration, and turnover[J]. Administrative Science Quarterly,1989,34:21-37.

[147] O'REILLY C A, WILLIAMS K, BARSADE S. Group demography and innovation: does diversity help? //E MANNIX, M NEALE. Research in the management of groups and teams,1997,1: 183-207.

[148] OLIVER C. Sustainable competitive advantage: combing institutional and resource-based views[J], Strategic Management Journal,1997,(18):697-713.

[149]PELLED L H, EISENHARDT K M, XIN K R. Exploring the black box: an analysisof work group diversity, conflict , and Performance [J]. Administrative Science Quarterly,1999,44:1-28.

[150]PENG M W, LUO Y. Managerial ties and firm performance in a transition economy: the nature of a micromacro link [J]. Academy of Management Journal, 2000,43: 486-501.

[151]PENROSE E. The theory of the growth of the firm[M]. New York:Wiley,1959.

[152]PETERSON R A, ALBAUM G, RIDGWAY N M. Consumers who buy from direct sales companies[J]. Journal of Retailing, 1989,65(2):273-286.

[153]PFEFFER J, SALANCIK G R. The external control of organizations:a resource dependence perspective[M]. Harper & Row: New York. 1978.

[154]PORTES ALEJANDRO. Social capital:its origins and applications in modern sociology[J]//JOHN HAGAN, KAREN S. CA: Annual Review Inc. 1998.

[155]PRAHALAD HAMEL. The core competence of the corporation[J]. Harvard Business Review,1990,5(6).

[156]PUTNAM ROBERT D. The prosperous community:social capital and public life[J]. American Prospect,1993,13.

[157]RAINE-EUDY R. Using structural equation modeling to test for differential reliability and validity:an empirical demonstration [J]. Structural Equation Modeling,2000,7(1):124-141.

[158]REAGANS R, ZUCKERMAN E. Networks,diversity and performance: the social capital of R&D units[J]. Organization Science,2001,12:502-517.

[159] REDDING G. The spirit of Chinese capitalism. Berlin: Walter de Gruyter. 1990.

[160] REICH R B. Entrepreneurship reconsidered: the team as hero[J]. Harvard Business Review,1987,65(3):77-83.

[161] REILLY C A, CALDWELL D, BARNETT W. Executive team demography, social inte-gration, and turnover[J]. Administrative Science Quarterly,1989,34:21-37.

[162] REUBER A R, FICHER E. The influence of the management team's intermational experience on internationalization behavior[J]. Journal of International Business Studies,1997,28(4):807-825.

[163] RICHARD SWEDBERG. Economic sociology [M]// JOHN B DAVIS. The Handbook of Economic Methodology. Edwar Elgar publishing limited. 1998.

[164] RICHARDSON, GEORGE B. The organization of industry [J]. Economic Journal,1972(82).

[165] RING, VAN DE VEN. Developmental processes of cooperative interorganizational relationships[J]. The Academy of Management Review,1994,19(1):90-118.

[166] ROBERT K. Skills of an effective administrator[J]. Harvard Business Review, January-February,1955.

[167] ROBINSON S L, MORRISON E W. Psychological contracts and organizational citizenship behavior: the effects of unfulfilled obligations on civic virtue behavior[J]. Journal of Organizational Behavior,1995. 16(3):289-298.

[168] RODAN S, GALUNIC C. More than network structure: how knowledge hete-rogeneity influences managerial performance and

innovativeness[J]. Strategic Management Journal, 2004, 25: 541 - 562.

[169] ROGERS E W, WRIGHT P M. Measuring organizational performance in strategic human resource management problems, prospects, and performance information markets[J]. Human Resource Management Review, 1998, 8(3): 311 - 331.

[170] ROURE J B, MAIDIQUE M A. Linking prefunding factors and high - technology venture success: an exploratory study[J]. Journal of Business Venturing, 1986, 3(8): 415 - 423.

[171] RUMELT R. How much does industry matter? [J]. Strategic Management Journal, 1991, 12(3): 167 - 185.

[172] RUSSO M V, FOUTS P A. A resource - based perspective on corporate environmental performance and profitability [J]. Academy of Management Journal, 1997, 40(3): 34 - 59.

[173] SANDWITH P. A hierarchy of management training requirements the competency domain model[J]. Public Personnel Management, 1993, 22(3): 43 - 62.

[174] SAXENIAN A. Regional advantage: culture competition in silicon valley and route 128[M]. Harvard University Press, 1994.

[175] SCHUMPETER J. Capitalism, socialism and democracy [M]. Harper & Row, New York: 1934.

[176] SCOTT JOHN. Social network analysis: a handbook[M]. London and Newbury Park : Sage, Publication, 2000.

[177] SEASHORE S E, YUCHTMAN E. Factorial analysis of organizational performance [J]. Administrative Science Quarterly, 1967, 12: 377 - 395.

[178] SEXTON D L, BOWMAN - UPTON N B. Entrepreneur-

ship: creativity and growth [M]. New York:Macmillan, 1991.

[179]SHANE S A. Prior knowledge and the discovery of entrepreneurial opportunities[J]. Organizational Science, 2000, 11 (4): 448-469.

[180]SHANE S A. General theory of entrepreneurship: the individual - opportunity nexus[M]. Cheltenham, UK: Edward Elgar, 2003.

[181]SHANE S A, VENKATARAMAN S. Entrepreneurship as a field of research: a response to zahra and dess, singh, and erickson [J]. Academy of Management Review ,2001,26 :13-16.

[182]SHANE S A, VENKATARAMAN S. The promise of entrepreneurship as a field of research[J]. Academy of Management Review,2000,25:217-226.

[183]SHAPERO A ALBERT. The displaced, uncomfortable entrepreneur[J]. Psychology Today,1975,11(9):83-88.

[184]SHEHERD D A, DETIENNE D R. Prior knwoledge, potential finnacial reward, and opportunity identification [J]. Enterpreneusrhip Theory and Practice,2005,29(1):91-112.

[185]SIMON H A. The sciences of the artificial [M]. Cambridge,Mass : MIT Press,1969.

[186]SIRMON D G, HITT M A, IRELAND R D. Managing firm resources in dynamic environments to create value:looking inside the black box[J]. The Academy of Management Review, 2007, 32 (1).

[187]SIRMON D G, HITT M A. Managing resources: linking unique resources management and wealth creation in family firms[J]. Entrepreneurship Theory and Practice,2003:27:339-358.

[188]SIRMON D G, HITT M A. Managing resources: linking unique resources management and wealth creation in family firms[J]. Entrepreneurship Theory and Practice,2003,27.

[189]SMELTZER L R, VAN HOOK B L, HUTT R W. Analysis and use of advisors as information sources in venture startups[J]. Journal of small business Management,1991,29(3):1-20.

[190]SPENDER T. Intellectual capital: the new wealth of organizations[M]. Bantam Doubleday Dell Publishing Group, Inc.1996.

[191]STARR A S, MACMILLAN I C. Resource cooptation via social contracting resource acquisition strategies for new resources[J]. Strategic Management Journal,1990,11:79-92.

[192]STASSER G, TITUS W. Effects of information load and Percentage of shared information on the dissemination of unshared information during group discussion[J]. Journal of Personality and Social Psychology,1987,53(11):81-93.

[193]STEERS R M. Problems in the measurement of organizational effectiveness[J]. Administrative Science Quarterly, 1975, 20(4):546-558.

[194]STEVENSON H, ROBERTS M, GROUSBECK H. New business ventures and the entrepreneur [M]. New York: McGraw-Hill,1994.

[195]STEVENSON H H, JARILLO J C. A paradigm of entrepreneurship: Entrepreneurial Management[J]. Strategic Management Journall,1990.

[196] STINCHOMBE A L. Social structure in organizations [M]//MARCH J G. Handbook of organizations. Chicago: Rand McNally.1965.

[197]SWAN B F. In search of the superior professional[J]. Oc-

cupational Health & Safety,1999,68(10):116-118.

[198]SWEDBERG R. Entrepreneurship: the social science view [J]. Oxford: Oxford University Press,2000.

[199]TABACHNICK B G, FIDELL L S. Using multivariate statistics[M]. Boston,MA:Allyn & Bacon. 2007.

[200]TEAL E J, HOFER C W. The determinants of new venture success: strategy, industry structure, and the founding entrepreneurial team [J]. The Journal of Private Equity,2003.

[201]TEECE D J. Capturing value from knowledge assets : The new economy, markets for know-how, and intangible assets [J]. Industrial Marketing Management, 2002(31).

[202]TEECE D J, PISANO G, SHUEN A. Dynamic capabilities and strategic management [J]. Strategic Management Journal, 1997,18 (7) :509-533.

[203] TERRENCE HOFFMANN. The meanings of competence [J]. Journal of European Industrial Training, 1999, 23 (6) : 275-285.

[204] TIMMONS J A. Careful self-analysis and team assessment can aid entrepreneurs [J]. Harvard Business Review,1979.

[205] TIMMONS J A. New venture creation [M]. Singapore: McGraw-Hill,1999.

[206]TODOROVA G, DURISIN B. Absorptive capacity : valuing a reconcept ualization [J]. Academy of Management Review, 2007,32 (3), 774-786.

[207]UZZI B. The sources and consequences of embeddedness for the economic performance of organizations[J]. American Sociological Review, 1996, 61 : 674-698.

[208] UZZI B. Social structure and competition in Interfirm networks: the paradox of embeddedness [J]. Administrative Science Quarterly, 1997, (42): 35 – 67.

[209] VENKATARAMAN S, RAMANUJAM V. Measurement of business performance in strategy research: a comparison of approaches [J]. The Academy of ManagementReview, 1986, 11 (4): 801 – 814.

[210] VENKATARAMAN S. The distinctive domain of entrepreneurship research: aneditor's perspective [A] // J KATZ, R BROCKHAUS. Advances in entrepreneurship, firm emergence and growth [C]. GREENWICH C T: JAI Press, 1997.

[211] VYAKARNAM S, JACOBS R C, HANDELBERG J. Formation and development of entrepreneurial teams in rapid growth businesses [R]. Burton: Nottingham Trent University, 1997.

[212] WALL T D, MICHIE J, PATTERSON M, et al. On the validity of subjective measures of company performance [J]. Personnel Psychology, 2004(57): 95 – 118.

[213] WALL J A, CALLISTER R R. Conflict and its management [J]. Journal of Management, 1995(21): 515 – 558.

[214] WASTON W E, PONTHIEU L D, CRITELLI J W. Team interpersonal process effectiveness in venture partnerships and its connection to perceived success [J]. Journal of Business Venturing. 1995 (10): 393 – 411.

[215] WEICK K E, ROBERTS K H. Collective mind in organizations: heedful interrelatingon flight decks [J]. Administrative Science Quarterly, 1993(38): 357 – 381.

[216] WEIDENBAUM M A, MURRAY SAMUEL HUGHES.

The bamboo network[M]. New York: Free Press,1996.

[217] WELLMAN BARRY. The Community Question: the intimate networks of east yorkers[J]. American Journal of Sociology,1979 (84):1201-1231.

[218] WERNERFELT B. A Resource-based view of the firm [J]. Strategic Management Journal, 1984, 5 (2): 171-180.

[219] WERNERFELT B A. The resource-based view of the firm: ten years after [J]. Strategic Management Journal, 1995,16 (3):171-174.

[220] WILSON H M, APPIAH-KUBI K. Resource leveraging via networks by high-technology entrepreneurial firms[J]. Journal of High Technology Mnagement Research,2002,13:45-62.

[221] YU F L. Entrepreneurial alertness and discovery[J]. The review of Austrian Economics, 2001, 14 (1) : 47-63.

[222] ZAHRA S A, GEORGE G. International entrepreneurship:the current status of the field and future research agenda [A]. In M A Hitt,R D Ireland, S M Camp,& D L Sexton (eds.). Strategic entrepreneurship:creating a new mindsetr[C]. Oxford, UK: Blackwell Publishers, 2002 : 255-288.

[223] 彼得·德魯克. 創新與創業精神 [M]. 上海:上海社會科學出版社, 2005, 1-25.

[224] 邊燕杰, 丘海雄. 企業的社會資本及其功效 [J]. 中國社會科學, 2000 (2), 87-99.

[225] 邊燕杰. 網絡脫生: 創業過程的社會學分析 [J]. 社會學研究, 2006, 6: 74-88.

[226] 邊燕杰, 張文宏. 經濟體制、社會網絡與職業流動 [J]. 中國社會科學, 2001, (2).

[227] 曹之然. 創業績效影響因素研究：變量、模型與理論 [J]. 山東經濟, 2010, (02).

[228] 曹之然, 李萬明, 曹娜娜. 創業績效結構的探索性研究及其理論挖掘 [J]. 稅務與經濟, 2009, (4).

[229] 陳勁, 王毅, 許慶瑞. 國外核心能力研究述評 [J]. 科研管理, 1999, (5).

[230] 陳勁, 許慶瑞. 企業核心能力：理論溯源與邏輯結構 [J]. 管理科學學報, 2000 (3), 24-32.

[231] 陳震紅, 董俊武. 創業機會的識別過程研究 [J]. 科技管理研究, 2005, (2).

[232] 程兆謙, 徐金發. 資源觀理論框架的整理 [J]. 外國經濟與管理, 2002, 24 (7).

[233] 鄧學軍, 夏宏勝. 創業機會理論研究綜述 [J]. 管理現代化, 2005, (3).

[234] 鄧學軍. 企業家社會網絡對企業績效的影響研究：基於知識的角度 [D]. 廣州：暨南大學博士論文, 2009.

[235] 丁棟虹. 論政治資本主導下國營企業家成長的變異性 [J]. 江蘇社會科學, 1999 (4).

[236] 丁棟虹. 異質資本與企業家的四大性質 [J]. 社會科學家, 1998 (3): 22-25.

[237] 丁棟虹. 制度變遷中企業家成長模式研究 [M]. 南京：南京大學出版社, 1999.

[238] 丁榮貴. 以知識工作者為核心的項目團隊的能力整合研究 [J]. 理論學刊, 2005, (11): 96.

[239] 方剛. 基於資源觀的企業網絡能力與創新績效關係研究 [D]. 杭州：浙江大學, 2008.

[240] 方世建, 魏久檗. 技術創新網絡中企業家機遇分析 [J]. 科學學與科學技術管理, 2006 (1): 57-61.

[241] 費孝通. 鄉土社會 [M]. 北京：北京大學出版社, 1998.

[242] 馮婉玲, 等. 高新技術創業管理 [M]. 北京：機械工業出版社, 2001.

[243] 耿新. 企業家社會資本對新創企業績效影響研究 [D]. 濟南：山東大學, 2008.

[244] 龔志周. 電子商務創業壓力及其對創業績效影響研究 [D]. 杭州：浙江大學, 2005.

[245] 郭洮村. 工研院研發人員離職創業相關因素之研究 [D]. 臺北：私立中原大學企業管理研究所, 1998.

[246] 郝喜玲. 創業團隊成員進退的動態性研究 [J]. 菸臺職業學院學報, 2009 (3).

[247] 何雪松. 社會網絡的動態過程及理論探索 [J]. 上海行政學院學報, 2005 (3)：78-85.

[248] 侯杰泰, 溫忠麟, 成子娟. 結構方程模型及其應用 [M]. 北京：科學教育出版社, 2004.

[249] 侯旭倉. 臺灣游戲產業的發展與創業團隊特性關係之研究 [D]. 臺北：政治大學科技管理研究所, 2003.

[250] 黃芳銘. 結構方程模式理論與應用. 北京：中國稅務出版社. 2005.

[251] 黃光國. 儒家思想與東亞現代化 [M]. 臺北：巨流圖書公司, 1988.

[252] 黃海雲, 陳莉平. 嵌入社會網絡的企業集群結構及其優勢 [J]. 現代管理科學, 2005 (5).

[253] 黃泰岩, 牛飛亮. 西方企業網絡理論述評 [J]. 經濟學動態, 1999 (4)：63-67.

[254] 賈寶強. 公司創業視角下企業戰略管理理論與實證研究 [D]. 長春：吉林大學, 2007.

[255] 姜衛韜. 基於結構洞理論的企業家社會資本影響機制研究 [J]. 南京農業大學學報：社會科學版, 2008, (2).

[256] 康建中. 企業能力與發展戰略 [J]. 中國標準化, 1999, (2).

[257] 雷家驌, 馮婉玲. 高新技術創業管理 [M]. 北京：機械工業出版社, 2001.

[258] 黎賠肆. 社會網絡視角的企業家學習模式研究 [D]. 上海：復旦大學, 2008.

[259] 李懷祖. 管理研究方法論 [M]. 西安：西安交通大學出版社, 2004.12：126.

[260] 李路路. 私營企業主的個人背景與企業「成功」[J]. 中國社會科學, 1997 (2)：134-146.

[261] 李路路. 轉型社會中的私營企業主：社會來源與企業發展研究 [M]. 北京：中國人民大學出版社, 1998.

[262] 李仁蘇, 蔡根女. 創業機會識別：核心概念、關鍵因素及過程模型 [J]. 湖北社會科學, 2007 (11).

[263] 梁靜波. 社會網絡對創業機會識別影響機理實證研究 [D]. 長春：吉林大學, 2007, 5：27-34.

[264] 廖川億. 研究發展團隊特性與創新績效關係之研究 [D]. 臺北：「中山大學」人力資源管理研究所, 1996.

[265] 林劍. 社會網絡視角下的創業融資 [J]. 上海金融, 2006 (7)：8.

[266] 林劍. 社會網絡作用於創業融資的機制研究 [J]. 南開管理評論, 2006 (4)：70-75.

[267] 林南. 社會資本—關於社會結構與行動的理論 [M]. 上海：上海人民出版社, 2005.

[268] 林強, 姜彥福, 張健. 創業理論及其架構分析 [J]. 經濟研究, 2001 (9).

［269］林嵩，張幃，林強．高科技創業企業資源整合模式研究［J］．科學學與科學技術管理，2005（3）：143-147．

［270］林義屏．市場導向、組織學習、組織創新與組織績效間關係之研究——以科學園區信息電子產業為例［D］．臺北：「中山大學」企業管理學系，2001．

［271］劉合強．淺談創業機會的發掘與把握［J］．科技創業月刊，2008（8）．

［272］劉培峰．親緣關係、地緣關係與私營企業主的生成［J］．社會，2003（8）：37-40．

［273］劉曉敏，劉其智．整合的資源能力觀［J］．科學學與科學技術管理，2006（6）：85-90．

［274］盧紋岱．SPSS for Windows 統計分析［M］．北京：北京電子工業出版社．2002．

［275］羅家德，趙延東．社會資本的層次及其測量方法［M］．北京：中國社會科學院社會學所，2004．

［276］羅家德，中國人的信任游戲［M］．北京：中國社會科學文獻出版社，2006．

［277］羅家德．特殊信任與一般信任——中國組織的社會網分析［M］．上海：華東理工大學出版社，2007．

［278］羅家德．社會網分析講義［M］．北京：社會科學文獻出版社，2010．

［279］羅勝強，姜嬿．調節變量和仲介變量：組織與管理研究的實證方法［M］．北京：北京大學出版社，2008．

［280］羅志恒．創業能力與企業績效間的轉化路徑實證研究［D］．長春：吉林大學，2009．

［281］馬鴻佳．創業環境、資源整合能力與過程對新創企業績效的影響研究［D］．長春：吉林大學，2008．

［282］馬克斯·韋伯．新教論理與資本主義精神［M］．彭

強, 黃曉京, 譯. 西安: 陝西師範大學出版社, 2002.

[283] 苗青. 基於規則聚焦的公司創業機會識別與決策機制研究 [D]. 杭州: 浙江大學, 2006.

[284] 彭華濤, 謝科苑. 創業管理社會網絡的理論研究 [J]. 科學技術與工程, 2004.

[285] 彭華濤. 創業企業社會網絡的理論與實證研究 [D]. 武漢: 武漢理工大學, 2006.

[286] 彭華濤. 社會網絡視角下的創業團隊進化機理研究 [J]. 武漢理工大學學報, 2007, 29 (8): 141-142.

[287] 錢平凡. 組織轉型 [M]. 杭州: 浙江人民出版社, 1999.

[288] 秦志華, 劉豔萍. 商業創意與創業者資源整合能力拓展——白手起家創業案例分析和理論啓發 [J]. 管理世界, 2009.

[289] 邱皓政. 結構方程模式: LISREL 的理論技術與應用 [M]. 臺北: 雙葉書廊有限公司. 2004.

[290] 饒揚德. 企業資源整合過程與能力分析 [J]. 工業技術經濟, 2006 (9).

[291] 石軍偉, 胡立君, 付海豔. 企業社會資本的功效結構: 基於中國上市公司的實證研究 [J]. 中國工業經濟, 2007.

[292] 石秀印. 中國企業家成功的社會網絡基礎 [J]. 管理世界, 1998 (6): 187-208.

[293] 史振磊. 協作勞動與團隊建設 [J]. 中國軟科學, 2003 (10).

[294] 斯蒂芬·P.羅賓斯. 管理學 [M]. 孫健敏, 等, 譯. 北京: 中國人民大學出版社, 2003.

[295] 宋宇. 創業行為的地區差異: 以陝西與浙江為例的比較分析 [J]. 中國軟科學, 2009 (S1).

[296] 宋源. 團隊合作行為影響因素研究 [J]. 理論界, 2009 (6).

[297] 王國順. 企業理論：能力理論 [M]. 北京：中國經濟出版社, 2005：141-152.

[298] 王核成. 基於動態能力觀的企業競爭力及其演化研究 [D]. 杭州：浙江大學, 2005.

[299] 王慶喜, 寶貢敏. 社會網絡、資源獲取與小企業成長 [J]. 管理工程學報, 2007 (4)：57-61.

[300] 王錫秋, 席酉民. 企業能力缺陷研究 [J]. 財經理論與實踐, 2002 (S3).

[301] 王翔. 企業動態能力演化理論和實證研究 [D]. 上海：復旦大學, 2006.

[302] 王雪. 企業高層管理團隊能力評估與應用研究 [D]. 長沙：中南大學, 2006.

[303] 尉建文. 關係強度與企業家行為：嵌入的視角 [M]. 上海：華東理工大學出版社, 2007.

[304] 溫忠麟, 侯杰泰, 馬什赫伯特. 潛變量交互效應分析方法 [J]. 心理科學進展, 2003, 11 (5)：593-599.

[305] 吳其倫, 盧麗娟. 項目團隊的協調管理：信任與合作 [J]. 科技進步與對策, 2004 (12).

[306] 吳宜蓁. 議題管理——企業公關的新興課題 [M]. 臺北：正中書局, 1998.

[307] 項保華. 戰略管理：藝術與實務 [M]. 北京：華夏出版社, 2003.

[308] 肖堅石. 新創企業創業導向對資源整合過程的影響研究 [D]. 長春：吉林大學, 2008.

[309] 肖為群. 基於資源外取的供應鏈彈性研究 [J]. 物流技術, 2008 (1).

[310] 謝洪明, 劉常勇, 陳春輝. 市場導向與組織績效的關係: 組織學習與創新的影響 [J]. 管理世界, 2006 (2).

[311] 謝洪明, 羅惠玲, 王成, 李新春. 學習、創新與核心能力: 機制和路徑. 經濟研究. 2007, 42 (2): 59-70.

[312] 許廣義, 胡軍. 企業核心競爭力解析 [J]. 金融理論與教學, 2004 (1).

[313] 顏士梅, 王重鳴. 創業的機會觀點: 存在、結構和構造思路 [J]. 軟科學, 2008 (2): 1-3.

[314] 楊俊, 張玉利, 楊曉非, 趙英. 關係強度、關係資源與新企業績效——基於行為視角的實證研究 [J]. 南開管理評論, 2009 (12): 44-54.

[315] 楊俊, 張玉利. 基於企業家資源稟賦的創業行為過程分析 [J]. 外國經濟與管理, 2004 (2).

[316] 楊俊. 基於創業行為的企業家能力研究——一個基本分析框架 [J]. 外國經濟與管理, 2005 (4).

[317] 楊俊, 田莉, 張玉利, 王偉毅. 創新還是模仿: 創業團隊經驗異質性與衝突特徵的角色 [J]. 管理世界, 2010 (3).

[318] 楊俊輝, 宋合義, 李亮. 國外創業團隊研究綜述 [J]. 科技管理研究, 2009.

[319] 楊志蓉. 團隊快速信任、互動行為與團隊創造力研究 [D]. 杭州: 浙江大學, 2006.

[320] 葉學鋒, 魏江. 關於資源類型和獲取方式的探討 [J]. 科學學與科學技術管理, 2001 (9): 40-42.

[321] 餘長春. 企業能力的內涵及培養策略 [J]. 全球科技經濟瞭望, 2004 (5).

[322] 宇紅. 企業管理中的企業家社會資本研究 [J]. 學習與探索, 2005 (3).

[323] 袁方. 社會研究方法教程 [M]. 北京: 北京大學出

版社, 1997.

[324] 約翰·斯科特. 社會網絡分析法 [M]. 劉軍, 譯. 重慶：重慶大學出版社, 2007.

[325] 約瑟夫·熊彼特. 經濟發展理論 [M]. 何畏, 等, 譯. 北京：商務印書館, 1990.

[326] 曾一軍. 新創企業的社會網絡嵌入研究 [J]. 科技進步與對策, 2007 (12)：91-95.

[327] 張君立, 蔡莉, 朱秀梅. 社會網絡、資源獲取與新創企業績效關係研究 [J]. 工業技術經濟, 2008 (5).

[328] 張君立. 網絡能力對新創企業資源構建的影響研究 [D]. 長春：吉林大學, 2008.

[329] 張玲. 基於社會網絡的知識創新對集群企業競爭優勢的影響研究 [D]. 長春：吉林大學, 2008.

[330] 張維迎. 博弈論與信息經濟學 [M]. 上海：上海人民出版社、上海三聯書店, 1996.

[331] 張文宏. 社會資本：理論爭辯與經驗研究 [J]. 社會學研究, 2003 (3)：292-294.

[332] 張文宏. 中國城市的階層結構與社會網絡 [M]. 上海：上海人民出版社, 2006.

[333] 張文彤. SPSS11 統計分析教程：高級篇 [M]. 北京：北京希望電子出版社. 2002.

[334] 張玉利, 楊俊. 企業家創業行為調查 [J]. 經濟理論與經濟管理, 2003 (9)：45-51.

[335] 張玉利, 楊俊, 任兵. 社會資本、先前經驗與創業機會 [J]. 管理世界, 2008 (7).

[336] 趙道致, 張靚. 資源槓桿——基於企業網絡的競爭優勢獲取模式 [J]. 科學學與科學技術管理, 2006.

[337] 趙西萍, 等. 團隊能力、組織信任與團隊績效的關

係研究 [J]. 科學學與科學技術管理, 2008 (3): 155-159.

[338] 趙延東, 羅家德. 如何測量社會資本: 一個經驗研究綜述 [J]. 國外社會科學, 2005 (2): 18-24.

[339] 鄭仁偉, 廖華立. 團隊能力工作滿足組織承諾與團隊績效的關係 [J]. 人力資源管理學報, 1990.

[340] 鄭仁偉, 廖華立. 團隊能力、工作滿足、組織承諾與團隊績效的關係 [J]. 人力資源學報, 2001, 1(3): 59-83.

[341] 周勁波. 多層次創業團隊決策模式及其決策績效機制研究 [D]. 杭州: 浙江大學, 2005.

[342] 周其仁.「控制權回報」和「企業家控制的企業」——「公有制經濟」中企業家人力資本產權的案例研究 [J]. 經濟研究, 1997 (5).

[343] 周其仁. 市場裡的企業: 一個人力資本與非人力資本的特別合約 [J]. 經濟研究, 1996 (6).

[344] 周三多, 鄒統釬. 戰略管理思想史 [M]. 上海: 復旦大學出版社, 2002.

[345] 朱亞麗. 基於社會網絡視角的企業間知識轉移影響因素實證研究 [D]. 杭州: 浙江大學, 2009 (8): 45-47.

附錄：調查問卷

尊敬的女士/先生：

您好！

這是一份為完成西南財經大學工商管理學院承擔的項目而設計的純學術性問卷，其主要目的是理解什麼樣的社會網絡人員有利於提高創業績效。其研究結果將為學術界和實業界帶來重要的貢獻，您的協助對理解上述主題和完成本研究具有建設性意義。因此，我們由衷地希望您擠出寶貴時間來為本問卷提供準確和完整的答案。謝謝！

您的回答僅用於學術研究，所有資料將被嚴格保密。最終研究報告反應的是所有被調查者資料的綜合統計信息，不會單獨出現您個人和貴公司的任何信息。

第一部分：公司的基本情況

（1）貴公司創立的年數

□1 年以下　　□1～2 年　　□3～5 年　　□6～10 年
□10 年以上

（2）貴公司所屬的行業為：

□半導體產業　□計算機產業　□光電產業　□生物技術
□軟件產業　□通訊產業　□其他高科技　□一般製造業

□服務業

(3) 貴公司目前員工的人數：
□1～50人　　　□51～100人　　□101～500人
□501～1000人　□1000人以上

第二部分：創業初期社會關係網絡的關係強度

請您回憶一下，該企業的創業初期，您的社會關係網絡成員中對您識別創立這個企業的商機、資源獲取和團隊構建中影響最大的三個人，請分別填寫這位社會關係網絡成員的稱謂、或頭銜、或代碼（　　　　　　）

下列問題用來瞭解您和這位網絡成員關係強弱程度：
(1) 到您獲取這個創業商機的時候，您和他的認識時間有多長：
□6個月以下　□6個月至12個月　□1年至2年
□3年至5年　　□6年至10年　　　□11年至20年
□21年以上
(2) 在您獲取這個創業商機之前，您和他的交往頻率為：
□從未聯繫過　　□偶爾聯繫　　□經常聯繫

請考慮以下描述與貴公司的實際情況是否相符，按照下面的標準尺度在右邊的數字中選出最能代表您意見的數字。選擇的數字越大，表明該描述與貴公司的實際情況吻合程度越高。

序號	下列問題用來瞭解您和網絡成員關係強弱程度	①完全不符合	②基本不符合	③有點不符合	④不能肯定	⑤有點符合	⑥基本符合	⑦完全符合
1	在您獲取這個創業商機之前，您和他的親密程度	①	②	③	④	⑤	⑥	⑦
2	在您構建該企業的創業團隊之前，您和他的親密程度	①	②	③	④	⑤	⑥	⑦
3	在您計劃獲取創業資源之前，您和他的親密程度	①	②	③	④	⑤	⑥	⑦
4	在您獲取這個創業商機之前，您和他的信任程度	①	②	③	④	⑤	⑥	⑦
5	在您構建該企業的創業團隊之前，您和他的信任程度	①	②	③	④	⑤	⑥	⑦
6	在您計劃獲取創業資源之前，您和他的信任程度	①	②	③	④	⑤	⑥	⑦
7	在您獲取這個創業商機之前，您和他的熟悉程度	①	②	③	④	⑤	⑥	⑦
8	在您構建該企業的創業團隊之前，您和他的熟悉程度	①	②	③	④	⑤	⑥	⑦
9	在您計劃獲取創業資源之前，您和他的熟悉程度	①	②	③	④	⑤	⑥	⑦

第三部分：創業者機會識別、創業警覺性及先驗知識

序號	下列問題用來瞭解您的機會識別	①完全不符合	②基本不符合	③有點不符合	④不能肯定	⑤有點符合	⑥基本符合	⑦完全符合
11	在一個之前沒有經歷過的行業中，我也能識別商業機會	①	②	③	④	⑤	⑥	⑦
12	我能準確地察覺到尚未滿足的客戶需求	①	②	③	④	⑤	⑥	⑦
13	過去的時間裡，我所識別出的各商業之間相關程度低	①	②	③	④	⑤	⑥	⑦
14	在日常活動中，我發現身邊潛在機會的數量增加	①	②	③	④	⑤	⑥	⑦

序號	下列問題用來瞭解您的機會識別	①完全不符合	②基本不符合	③有點不符合	④不能肯定	⑤有點符合	⑥基本符合	⑦完全符合
15	我知道，發現好機會要專注特定的產業或市場	①	②	③	④	⑤	⑥	⑦
16	我總是非常願意傾聽別人的意見	①	②	③	④	⑤	⑥	⑦
17	我富有打聽技巧，並擅長鼓勵別人表達自己的觀點	①	②	③	④	⑤	⑥	⑦
18	我認為一旦失去了某些機會，以後就很難再獲得同樣的機會	①	②	③	④	⑤	⑥	⑦
19	我的成功很大程度上是因為我敢於創新和富有冒險精神	①	②	③	④	⑤	⑥	⑦
20	我從朋友那裡獲得負面意見時，總是感覺他們不理解我的處境，他們的意見大多具有片面性	①	②	③	④	⑤	⑥	⑦
21	今天對我比較遙遠或者新鮮的事務，明天就可能降臨到我身上	①	②	③	④	⑤	⑥	⑦
22	當我大腦出現創意時，我很快會進行思考並採取行動	①	②	③	④	⑤	⑥	⑦
23	我喜歡用不同的方法對某一事物進行思考和表達	①	②	③	④	⑤	⑥	⑦
24	我對關注的領域充滿好奇和興趣	①	②	③	④	⑤	⑥	⑦
25	我投入大量的時間來學習經營產品的前沿和動態	①	②	③	④	⑤	⑥	⑦
26	我不斷培養自己的綜合能力來獲取感興趣領域的相關知識	①	②	③	④	⑤	⑥	⑦
27	通過一定的累積，我對該行業的市場環境具備了足夠的知識和經驗	①	②	③	④	⑤	⑥	⑦
28	通過一定的累積，我對該行業的顧客需求具備了足夠的知識和經驗	①	②	③	④	⑤	⑥	⑦

第四部分：創業者團隊協調能力的情況

序號	下列問題用來瞭解創業團隊協調能力	①完全不符合	②基本不符合	③有點不符合	④不能肯定	⑤有點符合	⑥基本符合	⑦完全符合
29	您覺得您能夠很好協調團隊成員之間的關係	①	②	③	④	⑤	⑥	⑦
30	您覺得團隊成員之間經常能夠共享信息	①	②	③	④	⑤	⑥	⑦
31	您會主動向與自己專業背景差異大的團隊成員學習	①	②	③	④	⑤	⑥	⑦
32	您會主動選擇與您專業知識能力差異較大團隊成員做搭檔	①	②	③	④	⑤	⑥	⑦
33	您覺得您善於協調工作上的衝突和分歧	①	②	③	④	⑤	⑥	⑦

第五部分：資源獲取情況

序號	下列問題用來瞭解資源獲取	①完全不符合	②基本不符合	③有點不符合	④不能肯定	⑤有點符合	⑥基本符合	⑦完全符合
34	公司能獲得所需數量的資金、技術和人才	①	②	③	④	⑤	⑥	⑦
35	公司能獲得所需數量的知識和信息	①	②	③	④	⑤	⑥	⑦
36	公司能夠從不同渠道獲得所需數量的資金、技術和人才	①	②	③	④	⑤	⑥	⑦
37	公司能夠從不同渠道獲得所需數量的知識和信息	①	②	③	④	⑤	⑥	⑦
38	與競爭對手相比，您對目前公司可利用資源的專用性是滿意的	①	②	③	④	⑤	⑥	⑦
39	新獲取的資源與企業原有資源是匹配的	①	②	③	④	⑤	⑥	⑦

第六部分：資源整合情況

序號	下列問題用來瞭解資源整合	①完全不符合	②基本不符合	③有點不符合	④不能肯定	⑤有點符合	⑥基本符合	⑦完全符合
40	公司能夠組合現有資源	①	②	③	④	⑤	⑥	⑦
41	公司能夠將現有資源與企業新獲取的資源組合在一起	①	②	③	④	⑤	⑥	⑦
42	公司能夠對企業的資源組合進行有效的調整	①	②	③	④	⑤	⑥	⑦
43	公司能夠高效率地利用資源，企業不存在重複配置資源的問題	①	②	③	④	⑤	⑥	⑦
44	公司新獲取的資源提高了企業的運行效率	①	②	③	④	⑤	⑥	⑦
45	公司中團隊或部門之間資源是共享的	①	②	③	④	⑤	⑥	⑦

第七部分：創業績效

序號	下列問題用來瞭解創業績效	①完全不符合	②基本不符合	③有點不符合	④不能肯定	⑤有點符合	⑥基本符合	⑦完全符合
46	市場佔有率	①	②	③	④	⑤	⑥	⑦
47	銷售利潤率	①	②	③	④	⑤	⑥	⑦
48	業務範圍	①	②	③	④	⑤	⑥	⑦
49	員工滿意度	①	②	③	④	⑤	⑥	⑦
50	客戶滿意度	①	②	③	④	⑤	⑥	⑦
51	組織創新性	①	②	③	④	⑤	⑥	⑦
52	企業聲譽	①	②	③	④	⑤	⑥	⑦

第八部分：個人的背景信息

（53）性別：□男　　　　　　　　□女

（54）年齡：□25歲以下　　□26～34歲　　□35～44歲

　　　　　　□45歲以上

（55）教育背景：□中學及中專以下　□大專　□本科
　　　　　　　□碩士以上
（56）工作經驗：□1～2年　　□3～5年　　□6～10年
　　　　　　　□10年以上
（57）您在該公司工作的年數：
□1年以下　　□1～2年　　□3～5年　　□6～10年
□10年以上

本問卷到此結束，謝謝您完成此問卷！
祝貴公司發展蒸蒸日上！

致　謝

　　創業是一國經濟活動中最具智慧最具活力的部分,因此能對創業實踐進行理論概括及本土化的經驗總結,應是非常有意義的事。這也一直是我的一大心願,也是我的學術興趣所在。這些機緣促使我選擇創業行為研究作為博士論文選題。但這幾年一直在家庭生計、學術道路、行政事務等幾重任務中躑躅前行,因此在博士論文寫作上,每向前推進哪怕一小步,都殊感不易。正由於此,我也似乎是在不斷辜負長輩及親友的殷切期望中,極為不安地度過我的博士階段。所以一直期待著論文完成那一刻的如釋重負。但真的走筆到這時,此刻的心情反而沒有原先設想的那樣激動和亢奮,取而代之的是發自內心的感恩之情。

　　首先感謝我的導師張寧俊教授對我多年的教誨和指導。我從碩士階段開始,就投在張老師門下,她視我為家人。張老師嚴謹求實的學術作風、淵博厚實的學術積澱、勤懇踏實的治學態度、寬以待人的開闊胸懷,這些都將成為我工作和學習上寶貴的精神財富,激勵我在求學的路上勇往直前。老師的諄諄教誨將使學生終身受益無窮,在此謹向恩師致上我最誠摯的謝意!

　　這裡我要特別感謝蔣明新教授和趙國良教授對我無微不至

的關懷，你們提掖後進的人品及貫通古今中外的淵博學識必將讓我受益終身。特別感謝李一鳴教授、楊丹教授、殷孟波教授、羅珉教授、馮儉教授、曹德駿教授、張劍渝教授、陳健生教授對我求學及工作路上至為用心的關愛呵護。

感謝我深愛的妻子文紅及兒子任睿弈、年邁的父母及岳父岳母對我的支持。你們是我的精神支柱。正是你們讓我的生活倍感溫馨。

感謝我同門師弟師妹們對我的支持。

感謝我的表妹林海芬、姨妹文霞對我的支持。

感謝我的學生尤其是王存福、彭慧在論文數據收集處理方面的支持和幫助。

國家圖書館出版品預行編目（CIP）資料

社會網路關係強度視角下的創業行為研究 / 任迎偉 著. -- 第一版.
-- 臺北市：財經錢線文化發行；崧博出版, 2019.11
　　面；　公分
POD版

ISBN 978-957-735-939-1(平裝)

1.創業 2.企業經營

494.1　　　　　　　　　　　　　　108018067

書　　名：社會網路關係強度視角下的創業行為研究
作　　者：任迎偉 著
發 行 人：黃振庭
出 版 者：崧博出版事業有限公司
發 行 者：財經錢線文化事業有限公司
E-mail：sonbookservice@gmail.com
粉絲頁：　　　　　　網址：
地　　址：台北市中正區重慶南路一段六十一號八樓 815 室
8F.-815, No.61, Sec. 1, Chongqing S. Rd., Zhongzheng Dist., Taipei City 100, Taiwan (R.O.C.)
電　　話：(02)2370-3310　傳　真：(02) 2388-1990
總 經 銷：紅螞蟻圖書有限公司
地　　址：台北市內湖區舊宗路二段 121 巷 19 號
電　　話:02-2795-3656　傳真:02-2795-4100　　網址：
印　　刷：京峯彩色印刷有限公司（京峰數位）

　本書版權為西南財經大學出版社所有授權崧博出版事業股份有限公司獨家發行電子書及繁體書繁體字版。若有其他相關權利及授權需求請與本公司聯繫。

定　　價：450 元
發行日期：2019 年 11 月第一版
◎ 本書以 POD 印製發行